1

2

3

4

5

1. 花　2. 成熟果实　3. 果实横切　4. 果实纵切　5. 大田植株

彩图1　‘巴厘’菠萝

1　2

3　4

5

1. 花　2. 成熟果实　3. 果实纵切　4. 果实横切　5. 大田植株

彩图2　'MD2'（金菠萝）

1　　2

3　　4

5

1. 结果植株　2. 成熟果实　3. 果实纵切　4. 果实横切　5. 大田植株

彩图3　‘台农4号’菠萝（剥粒菠萝、手撕菠萝）

1. 花　2. 成熟果实　3. 果实纵切　4. 果实横切　5. 大田植株

彩图4　‘台农11号’菠萝（香水菠萝）

1. 成熟果实　2. 果实横切　3. 果实纵切　4. 大田植株

彩图5　‘台农16号’菠萝（甜蜜蜜菠萝）

1. 成熟果实 2. 果实纵切 3. 果实横切 4. 大田植株

彩图6 ‘台农17号’菠萝（金钻菠萝）

1　　2　　3

4

1. 结果植株　2. 成熟果实　3. 果实横切　4. 果实纵切

彩图7 ‘台农21号’菠萝（黄金菠萝、青龙菠萝）

1. 花　2. 结果植株　3. 成熟果实　4. 果实纵切　5. 果实横切　6. 大田植株

彩图8　‘台农22号’菠萝（西瓜凤梨）

1. 花　2. 成熟果实　3. 果实纵切　4. 果实横切　5. 大田植株

彩图9　'台农23号'菠萝（芒果凤梨）

1

2

1. 结果植株　2. 大田植株

彩图10　‘无刺卡因’菠萝

1

2

1. 结果植株　2. 成熟果实

彩图11　‘热农8号’菠萝

彩图12 ‘热农8号’菠萝（中）与双亲对比

（左为母本‘MD2’菠萝，右为父本‘Perola’菠萝）

1

2

1. 结果植株 2. 成熟果实

彩图13 ‘热农17号’菠萝

彩图14　‘热农17号’菠萝（右）和母本‘台农17号’菠萝（左）果实对比

1

2

1. 花　2. 成熟果实

彩图15　‘热农56号’菠萝

彩图16 ‘热农56号’菠萝（左）和母本‘台农4号’菠萝（右）果实对比

1

2

1. 结果植株　2. 大田植株

彩图17 ‘粤彤’菠萝

1

2

1. 结果植株　2. 大田植株

彩图18 ‘粤脆’菠萝

1

2

3

1. 成熟果实　2. 果实纵切　3. 大田植株

彩图19　‘粤甜’菠萝

1

2

1. 结果植株　2. 成熟果实

彩图20　‘粤利’菠萝

彩图21 ‘粤绿煌’菠萝

彩图22 ‘粤引澳卡’菠萝

1 2

3 4 5

1. 大田植株 2. 谢花幼果 3. 成熟果实 4. 果实横切 5. 果实纵切

彩图23 ‘金筒’菠萝

彩图24 ‘热农1号’菠萝

彩图25 ‘热农3号’菠萝

彩图26 ‘热农5号’结果植株

彩图27 ‘热农7号’结果植株

彩图28 ‘热农9号’菠萝

彩图29 ‘热农10号’菠萝

彩图30 ‘热农18号’菠萝（中）与双亲对比

（左为父本‘巴厘’菠萝，右为母本‘无刺卡因’菠萝）

1　　　　　　　　2

1. 结果植株　2. 成熟果实（夏季果）

彩图31　‘热农21号’菠萝

1　　　　　　　　2　　　　　　　　3

1. 植株　2. 花　3. 结果植株

彩图32　‘茜碧’菠萝

1　　2　　3

1. 植株　2. 幼果　3. 熟果期果实

彩图33　‘玉玲珑’菠萝

1　　2　　3

1. 植株　2. 成熟果实　3. 果实纵切

彩图34　‘红珍珠’菠萝

1

2

3

4

1. 植株　2. 花　3. 成熟果实　4. 果实纵切

彩图35　‘冰糖红’菠萝

1

2

3

1. 花　2. 未成熟果实　3. 成熟果实

彩图36 ‘金香’菠萝

1

2

1. 初期　2. 后期

彩图37　菠萝凋萎病症状

1

2

1. 初期　2. 后期

彩图38　菠萝心腐病症状

1　　　　2

1. 果实外观　2. 果肉症状

彩图39　感染菠萝黑腐病的果实

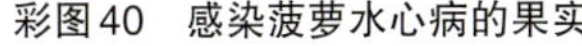

彩图40　感染菠萝水心病的果实

彩图41　感染菠萝小果褐腐病的果实

彩图42　菠萝（果实底部）粉蚧为害症状

彩图43　菠萝套袋防止日灼

"十四五"时期国家重点出版物出版专项规划项目

海南热带特色高效农业实用技术丛书（第二辑）

海南省农业农村厅　海　南　省　教　育　厅
海南省科学技术协会　海南省妇女联合会　编

菠萝高产栽培实用新技术

孙伟生　贺军虎　郑有诚　编著

海南出版社

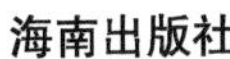

图书在版编目（CIP）数据

菠萝高产栽培实用新技术 / 孙伟生，贺军虎，郑有诚编著. -- 海口 ：海南出版社，2024. 11. --（海南热带特色高效农业实用技术丛书）. -- ISBN 978-7-5730-2076-5

Ⅰ. S668.3

中国国家版本馆CIP数据核字第2024K5Q941号

菠萝高产栽培实用新技术

BOLUO GAOCHAN ZAIPEI SHIYONG XINJISHU

孙伟生　贺军虎　郑有诚　编著

责任编辑：宋佳明
执行编辑：戴慧汝
封面设计：黎花莉
出版发行：海南出版社
地　　址：海南省海口市金盘开发区建设三横路2号
邮　　编：570216
电　　话：（0898）66821839
印　　刷：海南雅迪印刷有限公司
版　　次：2024年11月第1版
印　　次：2024年11月第1次印刷
开　　本：889 mm × 1 240 mm　　1/32
插　　页：13页
印　　张：3.25
字　　数：70千字
书　　号：ISBN 978-7-5730-2076-5
定　　价：15.00元

《海南热带特色高效农业实用技术丛书》编辑委员会

前 言

海南自由贸易港60%的人口、80%的土地在农村，“三农”工作任重道远，同时海南拥有全国一半面积的热带土地，发展热带特色高效农业前景广阔。习近平总书记高度重视海南热带特色高效农业发展，先后做出海南要“做强做精做优热带特色农业，使热带特色农业真正成为优势产业和海南经济的一张王牌”，要聚焦发展热带特色高效农业在内的四大产业，加快构建现代产业体系等一系列重要指示，为海南加快热带特色高效农业发展指明了方向。2018年4月13日，习近平总书记出席庆祝海南建省办经济特区30周年大会并发表重要讲话指出：“海南是我国唯一的热带省份。要实施乡村振兴战略，发挥热带地区气候优势，做强做优热带特色高效农业，打造国家热带现代农业基地，进一步打响海南热带农产品品牌。”

近年来，海南重点打造六大热带农业“特色名片”（国家南繁科研育种基地、国家冬季瓜菜生产基地、热带水果生产基地、热带作物生产基地、现代渔业生产基地、特色畜禽生产基地），热带特色高效农业取得新成效。2022年，热带特色高效农业增加值突破千亿元，为海南经济高质量发展作出了较大贡献。

海南热带特色高效农业持续高质量发展离不开先进技术的支撑和高素质“三农”队伍的培育。为此我们结合新形势新要求精心修订再版《海南热带高效农业实用技术丛书》，并更名为《海南热带特色高效农业实用技术丛书》。本丛书出版发行20余年来，以其技术先进、通俗易懂、实用对路深受广大农民、农业科技工作者、农业企业以及农业院校师生欢迎，成为海南农业发展的好帮手。此次再版，我们注重根据海南热带特色高效农业发展情况调整分册编排、书名，同时吸收国内外最新技术、方法，使本丛书指导性、实用性更强。

本丛书由海南省农业农村厅、海南省教育厅、海南省科学技术协会、海南省妇女联合会联合组织编写，邀请中国热带农业科学院、海南大学、海南省农业科学院、海南省海洋与渔业科学院、海南省农技推广中心等单位活跃在科研、教学和农技推广一线的专家、学者担任分册主编，内容覆盖热带特色高效农业各重点产业和品种，突出“实用技术”的特点，以期为广大农业生产者、农业科技工作者和政府部门做好服务，为端稳全国人民冬季“菜篮子”和热带“果盘子”提供科技支撑。

此次再版，可能还有一些不尽如人意的地方，恳请专家和读者，特别是广大一线农技推广工作者和农民朋友多提宝贵意见，以利于我们择机再行修订。

《海南热带特色高效农业实用技术丛书》编辑委员会

2023年5月

目 录

第一章 概 述

本章提要与学习指导

本章主要介绍我国菠萝的生产概况、菠萝的营养成分和生物学特性、菠萝对环境和气候条件的要求，以及我国菠萝优势区域布局。

学习中重点了解菠萝的生物学特性和菠萝对环境和气候条件的要求。

第一节 菠萝的生产概况

菠萝是凤梨科凤梨属多年生草本植物。原产南美洲的巴西热带雨林地区，15世纪后逐步传至其他热带和亚热带地区，现广泛种植于南、北回归线之间的约80个国家和地区，主要生产国有泰国、菲律宾、中国、印度尼西亚、巴西、美国、肯尼亚等。菠萝在我国又叫篓子（海南）、凤梨（台湾）、黄梨、玉梨（广东）。菠萝最早引入中国是在17世纪，由葡萄牙人引入澳门，而大规模外来引种应该是在20世纪。海南大规模引种菠萝是在1918年，由华侨从马来西亚引入红毛种，1922年从爪哇岛引入‘巴厘’，1927年从马来西亚引入‘无刺卡因’，以及1930年从新加坡引入的皇后种。

我国菠萝的主产区依次是广东、海南、云南、广西等。海南种植菠萝历史悠久，明代的《正德琼台志》和清代的《道光琼州府志》均有记载，主要分布在万宁、琼海、文昌、定安、屯昌、昌江、澄迈等地，全岛均有栽培，至今有500余年的栽培历史。

自20世纪60年代以来，海南先后兴建7家菠萝罐头厂，促进了菠萝种植业的发展，每年生产糖水菠萝罐头2000～3000吨，栽培品种以‘沙拉瓦’为主。20世纪80年代中后期，菠萝罐头厂相继转产、停产，一度影响了菠萝种植业的发展。为了适应市场的需要、改变品种结构，海南推广种植适合鲜食的台农系列菠萝，以及金菠萝等优良品种。栽培上采用大苗定植、地膜覆盖、水肥一体化等栽培技术，以及在催花上采用新的催花技术（电石催花）、喷施叶面肥等，进行反季节栽培，生产出大批适销对路的菠萝优质鲜果，在全岛再度掀起种菠萝的热潮。海南菠萝远销全国，甚至出口到俄罗斯和哈萨克斯坦等国。菠萝作为海南北运果菜的重要大宗商品，成为海南农业新的经济增长点，菠萝生产正处在新的发展时期。

当前海南菠萝生产上主要存在以下问题。

一、品种单一，新品种的推广面积不大

世界其他菠萝产区主要种植卡因类，我国的主栽品种是皇后类的‘巴厘’，目前国内80%的菠萝种植地种植‘巴厘’。该品种早熟、香味浓郁、果皮颜色鲜艳，具有抗性强和适应性广的优点。但由于长期的无性繁殖，连茬种植，品种退化特别严重，同时萎蔫病、心腐病、蚧壳虫等病虫害呈加剧态势，导致果实质量欠佳。

近年来引进的台农系列菠萝优势强、生产量大，但催花难度比较大、生产水平要求较高，而菠萝新品种推广需求的种苗数量巨大，所以目前在海南推广面积不大。

二、规模化、标准化生产程度低

海南的菠萝栽培企业化大规模生产较少，缺乏标准化的生产技术规程，以及果农生产的果实品质差异较大等是限制菠萝品质提高的主要因素。

三、营销渠道单一，缺乏市场话语权

在海南，菠萝多由销售商议价和统一采购包装，果农只拿到了生产的利润。国外的大公司（如都乐公司）生产的菠萝，有自己的农场和销售网络。海南菠萝销售时间集中，销售主要采用小客商上门订购的方式，营销网络难以固定，市场信息不对称，小果农没有形成规模化生产，没有优良的品牌意识，不能针对市场需求进行合理生产，没有市场价格的话语权，生产的风险比较大。

第二节 菠萝的营养成分及生产的意义

菠萝、香蕉、芒果和荔枝是海南四大热带水果。全世界适合栽培菠萝的地方不多，因此更显珍贵。菠萝果实风味浓郁、营养丰富。据分析，菠萝富含维生素A、维生素B、维生素C，可以帮助消化。中医认为菠萝味甘、微酸，有生津止渴、润肠通便、利尿消肿、去脂减肥等功效。

菠萝果实用途广，综合利用价值高，除供鲜果食用外，主要供制菠萝罐头，大约2吨鲜果可以制成1吨罐头。由于加工后的果肉基本上仍保持鲜果的色、香、味，故有“罐头之王”的美称。

菠萝主要制品有：糖水菠萝、菠萝汁、菠萝酱、菠萝酒、菠萝果脯和菠萝蛋白酶等。近年来，菠萝茎、叶都被进行深加工，提取菠萝蛋白酶、淀粉、膳食纤维等。

海南属菠萝最适宜栽培区，有大片适宜发展菠萝种植业的丘陵、坡地。菠萝植株矮，抗风、耐旱、收益高，栽培技术容易掌握。种植菠萝会使土壤由酸变碱，是其他作物轮作的不二选择。经过多年发展，海南已经成为我国传统的菠萝栽培区，种植菠萝已成为当地农民收入的主要来源。

第三节　菠萝的生物学特性

菠萝是多年生单子叶常绿草本植物，株高0.5～1米，具纤维质须根系；单叶呈剑形，簇生于茎，叶片两侧具刺或者仅仅在叶

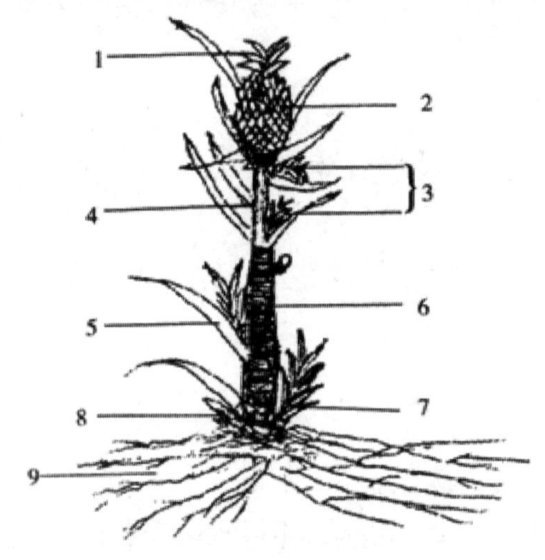

1. 冠芽　2. 果实　3. 裔芽　4. 果柄　5. 吸芽　6. 地上茎

7. 块茎芽　8. 地下茎　9. 根系

图1　菠萝植株形态

尖具少量刺；穗状花序，顶生；果着生在果梗顶端，果顶着生顶芽，果柄上长托芽，并在茎上抽生出吸芽。吸芽长成后可以代替母株继续结果，可以连续收获数年，但实际生产中由于第二造以后果实品质有所下降，因此在广东、海南等菠萝主产区，一般第一造收获后即重新耕种。

一、根

菠萝的根系是由茎节上的根点直接发生的，没有主根，为须根系。根向四周分布，细长而多。一株中等大小的植株有根600～700条，强大的根系可满足地上部分所需要的水分和养分。因繁殖材料的不同，定植后第一年的冠芽所产生的根群浅而广，吸芽和裔芽所产生的根群分布深而狭，以后则差异不大。根的入土深浅，随土壤而异，有的深达90厘米，土壤深度10～24厘米内的根数量最多，75%以上的根在土壤深度45厘米以内。土层浅、易板结的果园，菠萝根系分布也浅，根群裸露，根生长受阻碍，植株容易衰老；反之，土层深厚、疏松的果园，菠萝植株根深叶茂，丰产而寿命长。

菠萝在海南一年四季都可以生长，除1月寒潮到来时短期低温会影响根系生长外，其余时间都不影响根的生长。6—7月干旱高温季节，也会造成根系短时间缓慢生长或停止生长。菠萝根可在5～7摄氏度的低温环境下生长，15～16摄氏度时根系生长迅速，29～31摄氏度时生长最快，高于43摄氏度和低于5摄氏度时根系全部停止生长。海南栽培的菠萝2月上旬根系开始生长，3—5月发根数量多，5月下旬至10月上旬根生长最旺。10月下旬至

12月上旬根生长缓慢，12月下旬至1月遇干旱或寒潮袭击时，地表的根系会枯萎，叶片会变黄。

二、茎

菠萝的茎是近纺锤形圆柱体，长20~25厘米，直径2~6厘米。茎分地下茎和地上茎，地上茎顶部着生生长点，营养生长阶段分生叶片，发育阶段分化花芽，形成花序。花序抽出时，茎伸长显著增快，近顶部的节间也逐渐伸长。

成长中茎的每个叶腋都有一个休眠芽和许多根点。定植时，茎的下半部埋于土中，长出地面后成为地下茎，一般被气生根和粗根缠绕。发育期茎上的休眠芽相继萌发成裔芽和吸芽。由于吸芽着生部位逐年上升，气生根不易深入土中而造成植株早衰，因此，培土是菠萝田间管理中的重要措施。

三、叶

菠萝叶片多，长而大。成熟的叶片长40~100厘米，宽5~7厘米。叶片排列在茎上，能把雨水引至根部。同时，叶片内的贮水组织厚，叶的肉质及表皮有白粉覆盖，这些耐旱的结构适于保水。叶革质、剑形，叶面深绿或淡绿色，有紫色彩带；叶缘有刺或无刺；叶面中间呈槽状。叶片多、长、大的植株结的果实也大。

叶片具有旱生型植物结构，表皮组织外多蜡质，上表皮组织下面是由许多层短圆柱到长圆柱形的大型薄壁细胞构成的贮水组织。叶背银灰色，有较密的气孔（每平方毫米70～90个），气孔上密生蜡质毛状物，有阻隔水分蒸腾的作用。气孔夜间才打开，因此菠萝的蒸腾系数远远低于其他作物，具有很强的抗旱性。

叶片是盘旋上升生长的，为了研究方便，科学家于1982年将叶片按照产生的顺序分为A、B、C、D、E、F六大类，A代表最老的，F代表最嫩的，而最长的D叶片是研究的主要对象。菠萝叶片束起来时，最长的3片叶子的叶面积可以作为判断植株营养状况及计算产量的指标。D叶片一般在种植后8～12个月出现，其长度和宽度对判断叶片制造养分的能力有一定的参考作用。

叶片内部有较发达的通气组织，可贮存大量空气，有利于光合作用和呼吸作用。叶片生长随气候而变化，华南亚热带地区平均每月抽生4片叶子。植株的绿叶数、叶总面积与果实的重量有直接关系，具40片叶片就能开始花芽分化，叶面积达0.8～1平方

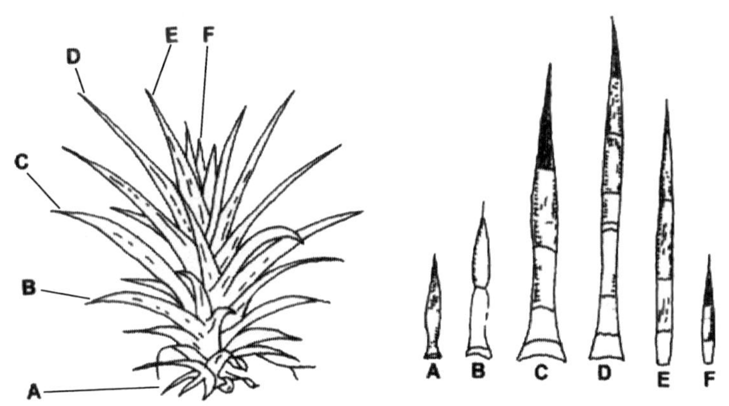

图2 按照叶龄不同，对菠萝植株叶片进行划分（A为最老叶片，F为最嫩叶片）

米时（30～40片叶片），一般就可产果1千克，每增加3片叶，果重增加20～30克。

四、花

菠萝为穗状花序，由肉质中轴周围100～200朵小花聚生构成，花序从茎顶叶丛中抽出，花序基部有红色的总苞片。菠萝的花是无花柄的完全花，每朵花有肉质萼片3片、花瓣3片，长约2厘米，基部白色，上部2/3为紫红色，花瓣互叠成筒状。雄蕊6枚，分两轮排列；雌蕊1枚，柱头3裂，子房下位，有3室，每心室有14～20个胚珠，分两轮排列。小花外面有一片红色苞片，花谢后转绿色或紫红色，至果实成熟时又变为橙黄色。

开花时基部小花先开，逐渐向上，整个花序开放需10～30天，每天早上9时开花最盛，每朵花从裂蕾开始至谢花约24小时。开花早，果实成熟也早。低温阴雨或干旱酷热都对菠萝开花不利。天气暖，小花开放数量多。小花的多少与果实大小密切相关，营养充足、植株健壮，小花就多，从而菠萝产量就高。菠萝正造花的花芽分化期在11—12月，翌年1月底至2月下旬抽蕾，其余时间抽蕾的菠萝叫反季节果，或二造、三造菠萝。用抑制菠萝营养生长的药物能诱导花芽分化，促进开花。

五、果实

菠萝果实为聚花肉质果，是由花序中轴和聚生于中轴周围的小花肉质子房、花被、苞片基部融合发育而成的。

从花序抽生到果实成熟需要120～180天。果实的纵横径或者鲜重的增长呈单“S”形，谢花后20天生长最快，以后变缓慢。具体的生长发育期因品种和抽蕾快慢及其生长时期的温度而异。目前早熟品种为皇后类的‘巴厘’，正造果实100天左右成熟。卡因类比较晚熟，杂种菠萝介于二者之间。

果实大小、形状、果眼深浅和果肉颜色，因品种不同而不同。果实有圆筒形、圆锥形、圆柱形等，果肉也有深黄、黄、淡

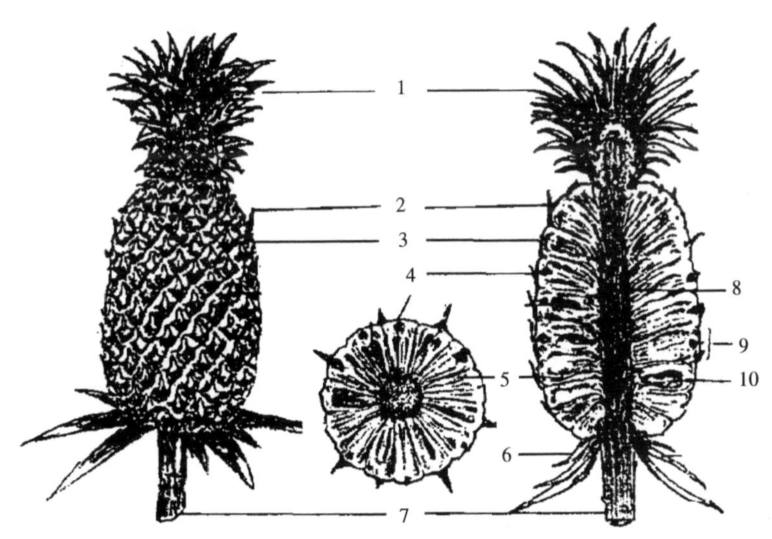

1. 冠芽 2. 小苞片 3. 果皮 4. 果丁 5. 果肉 6. 总苞片

7. 果柄 8. 果心 9. 果眼 10. 子室

图3 菠萝果实结构名称示意图

黄、淡黄白等。果肉膳食纤维量、果实香味等因品种的不同而不同，这些差异与鲜食还是加工以及果实的耐贮藏性等也有密切关系。

六、芽

菠萝芽因着生部位不同分为顶芽、裔芽（托芽）、吸芽、块茎芽四种。顶芽也叫冠芽，着生于果顶，一般为单芽，也有双芽或多芽。皇后类顶芽小而紧凑，卡因类顶芽大而松散。裔芽（托芽）着生于果柄的叶腋里，一般为3～5个，多的甚至有30个。吸芽着生在地上茎的叶腋里，一般在母株抽蕾后抽生，形成翌年的结果母株。卡因类用吸芽作为种植苗，种植出的果实品质好，成熟早，而生产中的‘巴厘’和台农系列主要用裔芽作为种植苗。

1. 顶芽　2. 裔芽　3. 吸芽　4. 块茎芽

图4　供定植用的菠萝各种芽体示意图

七、种子

菠萝为自交不亲和的植物，即同一品种菠萝的花授粉不会产生种子，或者同一类型的品种间授粉也不会产生种子。生产上通常将不同品种分开种植，因此菠萝果实一般没有种子，但不同类型的品种间授粉可以产生种子。科研工作者利用菠萝的这一特性开展杂交育种工作，目前世界上绝大多数菠萝品种通过杂交培育而来。菠萝的成熟种子多为棕褐色，质地坚硬，大小如芝麻。菠萝杂交授粉产生种子比较容易，一般一个果眼能够产生约3粒种子。杂交授粉最佳的时间为晴天上午9点到中午12点。

第四节 菠萝对环境的要求

菠萝对环境的适应能力比较强，更喜温暖湿润的气候、肥沃疏松的土壤；忌低温霜冻和过于干旱的气候，也忌贫瘠而且黏硬并且积水的土壤。外界环境对菠萝生长发育有重要影响，当环境条件适宜时，菠萝植株没有明显的休眠期，能周年生长。

一、温度

菠萝性喜温暖，耐干旱。在年平均温度24～27摄氏度的地方生长最好，15摄氏度以下生长缓慢，10摄氏度以下基本停止生长，5摄氏度是受寒害临界温度。寒害的轻重程度除温度这个因素外，还与各地区的日照、雨量、地形地势、水域密切相关。在建园时，应尽可能地选向阳南坡，或周围有水域的坡地种植，以提高冬季温度及避免寒冷的季节风影响植株生长。同时，应针对种植地的具体环境条件，选择适合的菠萝品种。

温度高低影响果实的发育期长短、品质、大小等。夏果生长发育期间高温高湿，因此成熟期较短，果实品质好；秋冬果由于后期气温低，成熟期相对拉长，果实的品质和风味就比较差。

二、水分

菠萝虽然是耐旱的作物，但在生长过程中仍需要适当的水分。在年降雨量500～2800毫米的地区菠萝可生长，但年降雨量1000～1500毫米的地区最适宜。在一般月平均降雨量少于50毫米的地区菠萝生长会出现水分不足的情况，需要考虑喷淋灌溉。海南年平均降雨量在1400毫米以上，且雨季多集中在7—10月，这时正是菠萝旺盛的生长时期，可满足菠萝对水分的需要。菠萝严重干旱缺水时，叶片呈红黄色，必须及时供水，以防干枯。但雨水过多，土壤湿度大，会使根系腐烂，诱发菠萝心腐病或菠萝凋萎病。因此，在大雨或暴雨后要及时排水，避免在低洼地带种植菠萝。

三、光照

菠萝经过长期人工栽培以后，对光照要求已经增加。光照充足，生长良好，果实发育正常，果大，产量高，品质和风味好。反之，生长在橡胶或木麻黄树下面的菠萝，光照不足，其叶片会变得细长，果小，味酸，果心大，膳食纤维多而粗。但是阳光太强时，叶片会褪绿变黄或变红，果实也容易被灼伤。海南正造果于5—8月收获，是光照最强的时候，不少果实被晒伤，尤其是接近成熟的果实受伤最严重，这不仅影响外观和品质，而且也影响贮运。目前，各主要产区的果农通过适当的密植和给果实套袋防止日灼。

四、土壤

菠萝对土壤的要求不高，只要有机质含量在2%以上，酸碱度4.5～5.5，疏松，排水良好，除海、河沙滩或过于黏重的土壤外，都可以栽种菠萝，但酸性或碱性太强的土壤均不利于菠萝生长。常年积水、排水不良或过于板结的土壤，易引起菠萝凋萎病。

贫瘠浅薄、中等黏重的沙质土壤都可栽培菠萝，海南的红壤和沙质壤土最适宜菠萝生长。菠萝是浅根性植物，要注意做好水土保持工作，避免表土被冲刷，根群暴露，影响菠萝生长，造成果实品质和产量的降低。

由上可知，只要是排水和通气良好且石灰含量低的土壤，菠萝根系可伸入地下深处，生长就强壮。

五、风

菠萝矮生，风害直接影响较小，3级以下的风还有利于其呼吸作用。但是遭遇强台风、大风也会影响植株正常的生长发育，增加菠萝心腐病的发病概率。海南的菠萝正造果和反季节菠萝在台风到来之前已收获，故受影响不大。12月至翌年1月寒潮南下，又伴随冷雨，在山窝地、通风不良的园地，常见个别烂心的植株。

第五节　我国菠萝优势区域布局

在我国，菠萝经济栽培适宜生态指标为年平均气温大于或等于21摄氏度，最好选用土层深厚、排水良好的土壤，土壤酸碱度宜为5～5.5。符合上述条件的菠萝生产区域可列为菠萝商品生产的适宜区。根据以上条件，确定四个菠萝优势区：海南－雷州半岛、桂南、粤东－闽南和滇西南。

一、海南－雷州半岛菠萝优势区

海南－雷州半岛菠萝优势区包括海南岛东南部、东部、北部和雷州半岛南部、中部，即海南省的万宁、琼海、文昌、定安、屯昌、琼山、澄迈等地及其辖区内的农垦国有农场，以及湛江市的徐闻、雷州、遂溪和麻章等地及其辖区内的农垦国有农场和华侨农场。根据生态产业发展情况，该优势区的主要发展目标是鲜果生产可在春、夏、秋、冬四季上市，品种以‘巴厘’、台农系列等为主。

二、桂南菠萝优势区

桂南菠萝优势区包括南宁市的邕宁、良庆、西乡塘、武鸣和隆安等地，崇左市的宁明、龙州、扶绥、江州等地，钦州市的灵山、浦北、钦北、钦南等地，北海市的合浦、银海等地，玉林市的博白，以及该区域的农垦国有农场和华侨农场。该优势区的发展目标是菠萝生产以“加工为主，鲜食为辅”。

三、粤东–闽南菠萝优势区

广东的东部和福建的南部菠萝优势区主要包括揭阳市的惠来、普宁等地，汕尾市的陆丰、海丰等地，汕头市的潮阳、澄海等地，潮州市的潮安、饶平等地，漳州市的龙海、漳浦、诏安和云霄等地，以及该区域内的国有农场。该优势区以发展夏秋季（6—11月）上市的鲜食果为主，配套加工综合利用，鲜食以全果、餐菜、榨汁鲜饮为主，加工则以鲜切便利食品、凉果和罐头制品为主。

四、滇西南菠萝优势区

滇西南菠萝优势区包括云南省红河哈尼族彝族自治州的河口瑶族自治县、金平苗族瑶族傣族自治县、元阳县、红河县等地，玉溪市的元江哈尼族彝族傣族自治县，西双版纳傣族自治州的景洪市和勐腊县，德宏傣族景颇族自治州的瑞丽市和芒市。该优势区主要发展目标是在稳定现有栽培面积的基础上，适当扩大林果间种和橡胶、菠萝轮作规模，改善基地生产条件和推广良种良法，合理安排产期，实现增产增收。

思考题

1. 选择种苗时应注意哪些事项?
2. 种植菠萝需要什么样的环境条件?
3. 我国菠萝的生产分布和优势区域在哪里?

第二章　海南菠萝品种结构和特征特性

本章提要与学习指导

本章主要介绍我国菠萝的主栽品种及其特性，我国自主选育的菠萝品种的特征特性。

学习中重点了解我国菠萝主栽品种的生物学特性，以及海南菠萝主栽品种的特征特性。

我国不是菠萝原产地，菠萝属于外来物种。我国台湾地区习惯将菠萝称为凤梨。台商将台湾育成的菠萝品种引入大陆地区种植，并且在销售的过程中，为了区别新品种菠萝果实与传统的‘巴厘’品种，有意将新品种的菠萝叫凤梨，故而才出现了凤梨不同于菠萝的说法。其实它们本身都是同一种作物，就像小的西红柿也叫圣女果，提子也叫葡萄，猕猴桃也叫奇异果。而网络上出现的一些说明菠萝和凤梨的区别的文字和视频中提到最多的有：凤梨叶片无刺，菠萝叶片有刺；凤梨不用去眼，菠萝要去眼；凤梨无须泡盐水食用，菠萝要泡盐水等，这些只是不同品种间的区别，以及食用时果实成熟度不同导致操作不同。对种植者和经销商而言，区别处理不同品种的菠萝，能够更好地获得利润；对消费者而言，区别对待同一种水果，能够显示对美好生活的追求。

目前生产上的菠萝品种绝大多数为引进品种，如生产上占主导地位的‘巴厘’，引入我国经济栽培已经有几百年历史，而菠萝新品种台农系列，随着台商的商业活动，在大陆已经种植和推广了20年左右的时间。近几年，随着我国对种业的重视，国内相关研究机构也陆续培育了一些具有自主知识产权的菠萝新品种和新品系，如中国热带农业科学院培育的菠萝新品种热农系列、广东省农业科学院培育的菠萝新品种粤字号，以及广西壮族自治区农业科学院培育的菠萝新品种桂系。

海南是我国菠萝生产的第二大产区，具有热带海洋季风气候和亚热带季风气候，非常适合菠萝的生长。海南也是我国菠萝品种种植最为丰富的地区。近年来，从国外引进和从台湾地区收集而来的菠萝品种，绝大多数都在海南进行试种和推广。按照品种来源和育成单位进行分类，海南的菠萝品种主要分为两类，一是引进品种，二是自主选育品种。

第一节 引进品种

引进品种指从我国台湾地区及国外引进的品种。菠萝引进品种如下。

一、‘巴厘’

‘巴厘’属于皇后类品种，又叫“陈家庚”“菲律宾”。1922年，由文昌华侨卢焕耀从爪哇岛引入。海南，广东的徐闻、雷州，广西等地是该品种的主要产区。

该品种植株中等大小，株型较开张，叶缘呈波浪形并有排列整齐的刺。分蘖力中等，吸芽2～4个，裔芽1～9个，单冠，花为淡紫色。果中等大小，单果重750～1500克，圆筒形，也有微锥形，小果90～120个，排列整齐，果眼深，果肉深黄，肉质较脆，果汁中等，香味浓，口感酸甜适度，是鲜食早熟品种。

10年前，‘巴厘’在海南是主导品种，品种占比在85%以上。近年来，随着新品种的试种和推广，新品种占比逐渐提高。目前，‘巴厘’仍然为海南的主栽品种，种植面积约占全省菠萝种植面积的50%，且为反季节北运水果的大宗品种。

二、‘MD2’

‘MD2’为美国夏威夷菠萝研究院于20世纪70年代育成的杂交品种，中文名称为金菠萝，是目前国际最流行的鲜食菠萝主导品种。该品种最早由科研人员引进并试种成功，在中国推广该品种的主要是海南万钟实业有限公司。该公司通过美国都乐公司在20世纪末将该品种引入海南，已在海南、广东、广西等菠萝主产区推广20余年。另外中首农业高科（海南）集团有限公司也积极推广该品种。

该品种植株较直立，生长势强，植株高度约为90厘米，叶色浓绿，叶片宽而厚，叶缘无刺或叶尖少刺，极少托芽，每株有吸芽1~2个，冠芽中等大小。果实为圆柱状，单果重基本可达1.5千克，最大果实2.5千克。成熟时果皮为黄绿色，果肉呈橙黄色、半透明，有清香，口感爽脆、香甜，膳食纤维含量较少。果肉硬度达到每厘米8~9千克，果实可溶性固形物含量为14.6%~15.5%，果眼形状为扁平或微隆，果眼平均深度为0.71厘米。该品种易催花，自然花比例高，裔芽少。果肉维生素C含量高，果实风味比‘巴厘’好，属于早、中熟品种。在海南万宁地区六一儿童节前后成熟，在海南儋州6月中旬成熟。该品种果形端庄，适应性强，但易感染菠萝心腐病，需要及时排水防病。在个别年份，花腔发育不正常会导致果面凹凸不平。雨季果实冠芽较长。该品种栽培管理方便，是鲜食、加工均适宜的优良品种。

三、‘台农4号’

‘台农4号’又名剥粒菠萝、手撕菠萝，是台湾嘉义农业试验分所培育出的品种，20世纪90年代引入大陆种植。

该品种植株长势壮旺，叶缘有硬刺，叶片直立，叶片较大且厚，叶色近赤紫色。果实较大，平均单果重1.5 ~ 1.8千克，小果圆突。果肉黄色，肉质细密、膳食纤维少，香味浓，果心较大，果眼深。每100克果肉含有可溶性固形物14.87克，平均酸度0.362%，含蛋白质0.2克、钙3毫克、磷12毫克、铁0.7毫克、维生素C 39毫克等。缺点是叶硬多刺，管理不方便。这个品种因手撕剥粒就可吃，吃法新颖，故近年销售异常火爆。

四、‘台农11号’

‘台农11号’又名香水菠萝，由台湾凤山热带园艺试验分所培育而成，台商引入大陆有30余年，目前主要种植在海南南部的昌江等地

该品种株高70.7 ~ 79.4厘米，株型开张，叶片绿色，中央具紫红彩带，直立，仅叶尖有少量刺，果眼大小中等，果肉多汁，肉质较滑，果实具有特殊的香味，口味清甜，耐运输，但抗寒性较差。生产优势区域内综合评价优良，但是与‘金钻’、‘甜蜜蜜’、金菠萝等主要栽培品种相比，果实较小。

五、‘台农16号’

‘台农16号’也叫甜蜜蜜菠萝、春蜜菠萝，由台湾嘉义农业试验分所培育而成，台商引入大陆后推广种植20余年，是目前种植推广较好的新品种之一，仅次于‘台农17号’。

该品种为杂交品种，生长势强，植株较高，叶缘无刺，叶表面中轴呈紫红色，有隆起条纹，边缘绿色。花期20～25天，现蕾到成熟需105～130天，可进行产期调节周年生产，但高温多雨季节催花难度较大。小花外苞片紫色，果实长圆筒形，成熟果皮淡绿色或橘黄色，果肉黄或淡黄色，膳食纤维少（几乎无膳食纤维），肉质细致，果眼浅，切片可食，不必去掉果眼，平均单果重1.3～1.5千克，具有浓郁的香梨风味。田间表现较抗炭疽病和菠萝凋萎病，但缺水或缺肥时，会发生菠萝凋萎病，恢复肥水供应后可痊愈。可以用0.5%～1%电石溶液进行催花。果实在酸碱度为4～4.5的土壤中表现抗性差，容易倒伏，易受日灼，果实的适宜采收季节是旱季。

六、‘台农17号’

‘台农17号’即金钻菠萝，由台湾嘉义农业试验分所培育，台商引入大陆20余年，为台湾主栽品种，也是在大陆推广最好的品种，累计推广面积超过100万亩（1亩约等于666.67平方米）。目前主要分布在海南岛，因其适应性强、抗性强、品质优，从三亚到海口均有种植。

该品种在儋州地区6月中旬成熟，昌江、东方、万宁等地反季节生产最适宜的生产期为3—5月及10—11月。该品种株型半开张，叶片比较竖直，叶尖及基部有少量的浓密紫红色短刺，叶片浅绿，幼嫩叶片顶部为红色，叶片中央具淡红紫色的彩带。冠芽有刺，长度中等。果实呈短长圆形，果眼大小中等，微微隆起。果肉光滑细腻，膳食纤维少，肉质细致，口感及风味均佳。该品种平均亩产2000～2500千克，为台湾南部主要的栽培品种，近年来在海南万宁、东方、昌江等地表现比较好，可以大面积发展，但是适应性比较差。在酸碱度为4～4.5的土壤中种植时，生理病害显著加重，果柄容易开裂，需要配套栽培措施。

七、'台农21号'

'台农21号'又叫黄金菠萝、青龙菠萝等，为台湾嘉义农业试验分所杂交选育，台商于20世纪引入海南，目前市场上不多，种植很少。

该品种植株中等，生长势中等偏弱，肥水条件好的情况下生长较好。叶片无刺，仅叶尖偶有刺。叶色翠绿，略偏黄。株型较开张，平均株高65厘米。果实近圆柱形，顶芽长度和果实长度接近，外形较美观。果实完全成熟后，果皮和果肉为金黄色，香味浓郁，果肉口感香甜。该品种为中型果，平均单果重1.3千克，果实可溶性固形物含量18%～19%。

八、'台农22号'

'台农22号'果实很大，果形为椭球形，形似西瓜，因此又叫西瓜凤梨，为台湾嘉义农业试验分所杂交选育，近10年台商引入海南，目前仍在发展扩种阶段，有一定的发展势头。

该品种植株高大，平均株高95厘米，株型较直立，生长势强。叶片翠绿色，叶缘无刺。成熟果皮黄绿色，果肉黄色，汁液丰富，酸甜适口，果实可溶性固形物含量16%～18%。

九、'台农23号'

因'台农23号'果实香味酷似芒果，因此又叫芒果凤梨，为台湾嘉义农业试验分所杂交选育并推向市场的最新品种，台商引入海南不到10年，目前处在快速发展阶段，发展势头较猛。

该品种植株矮小，平均株高不到60厘米，株型开张，生长势较弱。叶片紫红色，叶缘无刺，叶尖少刺，叶片短。果为球形，小型果，平均单果重1.2千克。成熟果金黄色，具有金属质感。果肉金黄色，香甜可口，香味浓郁，果实可溶性固形物含量19%～21%。

十、'无刺卡因'

因'无刺卡因'适口性一般，更适合加工成罐头后食用，目前海南地区种植较少，主要分布在云南西双版纳和广东东部地区。

'无刺卡因'植株高大，平均株高约80厘米，株型较开张，生长势较强。叶片翠绿色，叶缘无刺，叶尖少刺，叶片长。果为圆柱形，适合制罐头用。果为大型果，平均单果重2千克。夏季果果实可溶性固形物含量约16%。成熟果表皮黄色，果肉淡黄色、清香，口感酸甜，果汁多。

第二节　自主选育品种

一、‘热农8号’

‘热农8号’是中国热带农业科学院南亚热带作物研究所杂交选育的品种。以‘MD2’为母本，以‘Perola’为父本，2007年开始杂交试验，2012年获得优良单株。通过种苗繁殖，经过多年品比试验，最终获得优良品系，得以命名。在广东经多年多点试验试种，其遗传性状表现稳定。

该品种株型较紧凑。叶片较直立，叶面平展，叶缘无刺。叶色浓绿，有紫色光泽。该品种生育期18个月，平均单果重1.46千克。果实圆柱形，果眼浅，小果数量120～140个，小果平均直径22.8毫米，果皮平均厚度8毫米。果肉淡黄色，果实可溶性固形物含量约24.3%。

该品种生长势强，果眼浅，较丰产、优质，经济性状优良，适宜在我国菠萝主产区种植。

二、‘热农17号’

‘热农17号’是中国热带农业科学院南亚热带作物研究所杂交选育的品种。以‘台农17号’为母本，以‘巴厘’为父本，2008年开始杂交，2012年获得优良单株。通过种苗繁殖，经过多年品比试验，最终获得优良品系，得以命名。在广东经多年多点试验试种，其遗传性状表现稳定。

该品种植株较直立，生长势强，叶片叶缘有刺。叶片绿色，有紫红色色泽，花青苷显色中等。叶片长而厚，且较硬。果柄短，果实着生于苗心，果实长圆柱形，小果扁平。果实为中型果，大小超越双亲。果肉糖度高，超越双亲。果实较耐储运。‘热农17号’果实糖度和香味均优于‘台农17号’，且抗菠萝水心病。生育期18个月，平均单果重1.57千克。

该品种生长势强，苗木繁殖能力强，果眼浅，较丰产、优质，经济性状优良，适宜在我国菠萝主产区种植。

三、‘热农56号’

‘热农56号’是中国热带农业科学院南亚热带作物研究所杂交选育的品种。以‘台农4号’为母本，以‘巴厘’为父本，杂交后从杂交后代中通过单株优选培育而成。该品种叶为绿色，果柄较短。吸芽苗秋季定植，生育期约18个月，平均单果重1.3千克。该株系果实圆柱形，果肉黄色，肉质香甜、脆爽，果实可溶性固形物含量约21.9%。

该品种生长势较强，果眼较浅，丰产性好，品质优良，适宜在我国菠萝产区种植。

四、‘粤彤’

‘粤彤’是由广东省农业科学院果树研究所通过杂交选育的菠萝新品种。

该品种植株高大，株形较直立。叶片略窄，军绿色，叶背面有多条白色蜡粉条带，叶缘无刺，叶尖柔软。花瓣蓝紫色。果实成熟时果皮呈紫红色，圆筒形，单果重1.3～1.6千克，果肉黄橙色略偏紫红，果眼较平，肉质清甜、多汁，膳食纤维略粗，香味较浓。果实可溶性固形物含量17%～20%。结果后每株抽生吸芽3～5个、裔芽1～3个、地芽1～5个。单冠，冠芽紫红色，中等大小。

五、'粤脆'

'粤脆'由广东省农业科学院果树研究所杂交选育，亲本组合为'巴厘'×'神湾'。该品种叶缘有刺，植株高大，叶片较直立，叶面、叶背披白粉，单果重1.3～1.7千克。果肉黄色，膳食纤维少，汁多，香味浓，口感好，品质极佳。果实可溶性固形物含量16%～19%。正造果7月底至8月上旬成熟，是鲜食的优良品种，但果实上部常发育不好，果形较差。

六、'粤甜'

'粤甜'由广东省农业科学院果树研究所杂交选育，亲本组合为'无刺卡因'×'神湾'。该品种叶缘有刺，单果重0.9～1.3千克，果肉黄色，膳食纤维少，汁多，果肉香甜，口感佳。果实可溶性固形物含量20%～23%。耐寒、耐旱性好。广东东部地区自然果成熟期为6月底至7月上中旬。

七、'粤利'

'粤利'由广东省农业科学院果树研究所利用'澳大利亚卡

因’芽变选育。该品种叶缘有刺。果实成熟时呈圆筒形，果皮黄色，果眼平，果皮薄。果肉浅黄色，香甜多汁。夏季正造果7月中旬至8月上旬成熟，果实可溶性固形物含量约17%，单果重1.2～1.6千克。丰产稳产，适于鲜食与加工。

八、‘粤绿煌’

‘粤绿煌’由广东省农业科学院果树研究所利用‘无刺卡因’芽变选育。该品种叶缘无刺，花黄色。果实成熟时呈圆筒形，果皮绿色，果眼平，果皮薄。果肉浅黄色，香甜多汁。夏季正造果7月下旬至8月上中旬成熟，果实可溶性固形物含量约18%。平均单果重1.3千克，丰产稳产，是鲜食与加工俱佳的优良品种。

九、‘粤引澳卡’

‘粤引澳卡’由广东省农业科学院果树研究所利用‘澳大利亚卡因’芽变选育。该品种叶缘无刺，属卡因类，植株高大。现在广东、广西、海南等地均有农户种植，在汕尾、肇庆种植很成功。果大，平均单果重1.5千克，单果重最高可达3千克。果眼较浅，果肉黄色、滑嫩，膳食纤维少，汁多，香味较浓，果实可溶性固形物含量15%～19%，正造果7月底至8月上中旬成熟。果形端庄，是鲜食与加工俱佳的优良品种。

十、‘金筒’

‘金筒’由华南农业大学园艺学院、中国热带农业科学院热带作物品种资源研究所、中山市神湾镇农业服务中心通过芽变选育而来。2003年从‘神湾’的无性繁殖群体中通过单株选择选育而成，2021年8月通过广东省农作物品种审定委员会评定（审定编号：粤评果20210008）。

该品种植株较矮，株姿开张。叶正面浅绿色，中央部呈暗红色。叶有刺，刺红色。腋芽萌发能力极强，每株有吸芽20个以上。果近筒形，平均果重720克，果皮、果肉金黄，肉质爽脆，品质优良。果眼较深，果实偏小。果实可溶性固形物含量约17.3%。‘金筒’丰产性较好，适宜在广东种植。

十一、‘热农1号’

‘热农1号’由中国热带农业科学院南亚热带作物研究所利用‘台农4号’芽变选育。生物学特性与‘台农4号’基本相同，区别在于果形不同。‘热农1号’果眼数量较少，果眼较大，俗称大目手撕。‘热农1号’比‘台农4号’早熟3天左右，果肉甜度高于‘台农4号’。果实圆球形，果眼大，果肉香甜多汁，果实可溶性固形物含量约19%，平均单果重1.2千克。

十二、‘热农3号’

‘热农3号’由中国热带农业科学院南亚热带作物研究所利用金菠萝芽变选育而来。生物学性状与金菠萝近似，区别在于‘热农3号’叶片有刺，金菠萝叶片无刺；‘热农3号’的植株比金菠萝的植株高大，生长势更强；‘热农3号’果实比金菠萝果实稍大，比金菠萝早熟5天左右。‘热农3号’果实可溶性固形物含量约16%，平均单果重1.4千克。果实圆柱形，果形端正美观。

十三、‘热农5号’

‘热农5号’由中国热带农业科学院南亚热带作物研究所利用‘台农21号’芽变选育。生物学性状与‘台农21号’基本相同，区别在于‘热农5号’叶片有刺，‘台农21号’叶片无刺；‘热农5号’生长势较强，‘台农21号’生长势较弱；‘热农5号’果实比‘台农21号’果实稍大。‘热农5号’果实近圆柱形，早熟，果实可溶性固形物含量约21%，平均单果重1.2千克。

十四、‘热农7号’

‘热农7号’由中国热带农业科学院南亚热带作物研究所利用马来西亚品种‘Josapine’芽变选育。生物学性状与‘Josapine’基本相同，区别在于‘热农7号’叶片有刺，‘Josapine’叶片无刺。‘热农7号’叶面平展、较窄，植株心部幼嫩叶片为橙红色或红色。该品种在国内种植时果实为球形或圆柱形，果较小，为小果形早熟品种。成熟果果皮颜色为橙黄色或橙红色，耐贮存，具一定的观赏性。果肉颜色为橙黄色或橙红色，香味浓郁，果实可溶性固形物含量约19%，平均单果重0.7千克。

该品种适宜小面积种植。

十五、‘热农9号’

‘热农9号’由中国热带农业科学院南亚热带作物研究所利用泰国品种‘Puket’芽变选育。生物学性状与‘Puket’基本相同，‘Puket’果实为圆锥形或圆柱形，而‘热农9号’果实为圆球形。‘热农9号’植株矮小，叶片有刺，叶片为翠绿色，叶表面有紫红色光泽，花青苷显色中等。果早熟，比‘巴厘’早熟5天左右。成熟果表皮黄色，果肉黄色。果肉质地紧实、脆爽、香甜。该品种为早熟性小果品种，果实可溶性固形物含量约19%，平均单果重0.8千克。

十六、‘热农10号’

‘热农10号’由中国热带农业科学院南亚热带作物研究所从‘巴厘’和‘黄金’的杂交组合中选育。该品种植株生长势强、直立、高大，叶片翠绿，无彩色光泽，叶片较长、有刺，叶面呈凹形。果实近圆柱形，果皮黄绿色，果肉黄色，果实可溶性固形物含量约16%，平均单果重1.3千克。

该品种母本‘巴厘’和父本‘台农21号’均易感菠萝水心病，故该品种也极易感染菠萝水心病。成熟果感染菠萝水心病后，果会空心，故该品种是研究菠萝水心病的很好的材料。

十七、‘热农18号’

‘热农18号’是中国热带农业科学院南亚热带作物研究所从‘无刺卡因’和‘巴厘’的杂交后代中选育出的优良品种。该品种生长势中等，植株大小中等。植株叶片颜色翠绿，无彩色光泽，叶片数量较少，叶层间较疏，叶缘有刺，长度中等，叶面较平展。果实圆柱形，果形美观端正，果皮黄色，果肉香甜多汁。果实可溶性固形物含量约18%，平均单果重1.4千克。

该品种遗传了母本‘巴厘’的植株特点，易成花，具丰产性；同时，继承了父本‘无刺卡因’的优点，果形端庄美观，果面平整，果眼浅且易去除。因此，该品种可以作为替代品种来更换现有的主栽品种‘巴厘’。

十八、‘热农21号’

‘热农21号’为中国热带农业科学院南亚热带作物研究所从‘台农21号’和‘巴厘’的杂交后代中选育出的优良品种。

该品种生长势较强，植株高大。叶色翠绿，无彩色光泽，叶缘无刺，叶面较为平展。易催花。果实圆柱形，果形美观端正，果皮黄绿色，果肉香甜多汁。果实可溶性固形物含量约18%，平均单果重1.45千克。

该品种的优点是易种植，果大美观，丰产优质；缺点是不耐寒，广东湛江市郊种植易受寒害。

十九、‘茜碧’

‘茜碧’由中国热带农业科学院热带作物品种资源研究所培育，由‘三色凤梨’嵌合体植株经体细胞胚分离途径选育出来的新品种。

该品种植株半直立，果筒形，平均单果重750克，果眼较深。该品种营养生长期约36个月，果实发育期约120天。果实膨大期果皮红艳，成熟后苞片和宿萼淡黄白色。果实少汁，果肉白色，果实可溶性固形物含量约14.2 %。该品种贮存期更长，且不易感菠萝水心病、菠萝心腐病、菠萝黑心病等病害，表现出良好的抗病性。

二十、‘玉玲珑’

‘玉玲珑’由中国热带农业科学院热带作物品种资源研究所培育，是从矮凤梨体细胞突变体中选育出来的新品种。

该品种植株直立，叶缘有刺，果筒形，小型果，平均单果重45克，果眼深。营养生长期约6个月，春花3月，秋花9月。第一造果实6月中旬成熟，第二造果实12月中旬成熟。果实发育期约90天，坐果时果色粉红，成熟后苞片和宿萼淡黄白色。果实多汁，果肉白色，略有香气，果实可溶性固形物含量约15.5%。与现有鲜食菠萝品种相比，该品种贮存期较长，且不易感菠萝心腐病、菠萝黑心病等病害，有良好的抗病性。适宜用作短营养期、抗病型菠萝育种的亲本材料。

二十一、‘红珍珠’

‘红珍珠’由中国热带农业科学院热带作物品种资源研究所利用‘珍珠’的变异株选育。该品种植株直立，叶缘无刺或叶尖有少许小刺，幼叶表面浅绿色，株型开张。聚花果筒形。冠芽1枚，果实基部常有裔芽1～3个圆柱形果实，小果苞片及萼片边缘呈皱褶状。平均单果重1.41千克，果眼平。果实坐果至果实成熟前10天果皮色泽为红色，成熟期果皮转淡红色。果肉黄色或金黄色，膳食纤维含量较少，肉质细腻。果实可溶性固形物含量19%～22%，风味浓郁，采收期为3—7月。

二十二、'冰糖红'

'冰糖红'由中国热带农业科学院热带作物品种资源研究所利用'珍珠'的变异株选育。该品种植株直立，叶缘无刺或叶尖有少许小刺。幼叶表面浅绿色，有明显的黄绿相隔的条带。株型开张，平均单果重1.25千克，果眼平。果实坐果至果实成熟前10天果皮色泽为红色，成熟期果皮转为浅黄白色。成熟果果肉黄色或金黄色，膳食纤维含量较少，肉质细腻。果实可溶性固形物含量19%～22%，风味浓郁，采收期为3—7月。

二十三、'金香'

'金香'是广西农业科学院园艺研究所采用营养系选种方法从'巴厘'中选育出的早熟菠萝新品种。该品种植株中等，生长势较强，株形稍直立，叶片较细长，叶缘多刺，叶槽较深，无蘖芽，顶芽较细小，顶芽叶片边缘浅红绿色。果实圆筒形，平均单果重1.15千克，成熟果皮深黄色。果眼较大且扁平，锥状凸起不及'巴厘'明显。果肉黄色，质地爽脆，膳食纤维少，风味甜酸适中，香味较浓，果实可溶性固形物含量约15.2%。正造果成熟期在6—7月。抗瘠、抗旱、抗寒能力都较强，其抗瘠性、抗旱性与'巴厘'相当，抗寒性优于'巴厘'。受病虫害为害程度轻微，抗病性强。采用三年两造的生产周期，果实丰产且稳产性强。

第三节　栽培品种

目前海南菠萝生产主栽品种为‘巴厘’，生产上占比约为60%，主要分布在琼海和万宁一带。次栽品种包括‘台农17号’‘台农16号’‘台农4号’‘台农22号’‘台农23号’等，以及金菠萝。次栽品种在生产上占比约为40%，次栽品种中以‘台农17号’为主，‘台农16号’次之。近年来新晋品种‘台农22号’‘台农23号’的种植面积有所增加。

此外，海南还先后从国外引进多个菠萝品种，包括巴西的‘Perola’，马来西亚的‘Josapine’‘N36’，澳大利亚的‘昆士兰卡因’，以及‘泰国卡因’‘Puket’等。此外，从台湾地区引进的‘台农6号’‘台农18号’‘台农19号’‘台农20号’等在海南试种几年后，因各种原因，难以推广，目前已退出市场，生产上难觅踪迹，仅在科研机构中得以保存用于研究。

思考题

1. 有哪些菠萝品种在海南种植？哪些是引进品种？哪些是自主选育的品种？

2. 目前海南的主栽菠萝品种是什么？主栽品种的特点是什么？

第三章　栽培技术

本章提要与学习指导

本章主要介绍菠萝生产过程中的技术环节，包括育苗、建园、种植和果园管理等。

学习中重点了解和掌握品种选择方法和催花、壮果等技术。

第一节　育苗

同一品种或同一类型的菠萝的花授粉不会产生种子，不同类型的菠萝品种相互授粉才能获得种子。因此，生产上种苗的获得，一般采用无性繁殖，用冠芽、裔芽、吸芽及茎部等进行营养体繁殖，也有的采用整形素催芽繁殖、组织培养育苗、老茎切片育苗等方法，但是在大田生产上采用较少。目前海南果农绝大多数用裔芽和吸芽繁殖种苗。在反季节生产菠萝过程中，因使用激素催花、喷果和去裔芽等措施，在激素和人为因素的影响下，这些芽体的自然繁殖系数减小、增殖速度缓慢。近年来，引进的菠萝新品种在生产上获得良好的经济效益，菠萝种植面积不断增加，因而种苗的需求量也大大增加，常规的种苗繁殖已经不能满足生产的需求。因此，种苗繁殖已成为生产上一个重要的环节，逐渐为生产部门和果农所重视，广大科学技术人员为此进行了大量的研究，并积累了不少成功的实用新技术。

一、营养体繁殖育苗

（一）小苗苗床育苗

果实顶端的冠芽、果实底端的小裔芽、果实上的果瘤芽等芽体，在生产过程中不需要保留时应及时收集、分类种植在苗圃中，培育成符合生产需求的大苗、壮苗。苗圃地应选择土质疏松、排水良好、肥沃的地块，每亩苗圃地施入腐熟有机肥1000千克以上。苗床经反复多次犁耙，土壤变得疏松细化，便于小苗假植。苗床起畦，畦高20厘米，畦的长和宽以生产需要、方便操作为宜。畦沟宽50厘米，方便田间管理操作和利于排水，苗床周边做好排水沟。这种育苗方法在海南菠萝生产中较少使用，但在一些新品种菠萝种苗稀少的情况下，果农也会使用该法进行育苗，来满足生产的部分需求。

（二）结果母株育苗

采果后留在果柄上的小裔芽，生长较为整齐，长至苗高25厘米以上时，分批摘下作为种苗。老株茎部腋芽处长出的吸芽，以及根部长出的地下吸芽，生长较快，苗木粗壮，叶片较长，苗木高度达到30厘米以上时，可以分批采收作为种苗。目前海南菠萝生产中主要用结果母株育苗，采果完后，每亩苗地施入10～15千克尿素进行追肥，间隔1～2个月再进行一次追肥，促进苗木生长。

（三）老茎育苗

老茎育苗分茎段苗床育苗和带叶茎段室内育苗。茎段苗床育苗：将收果后的老茎从基部砍下，切去残留果柄，剥掉老叶，只留下白色的茎段，纵切四等份，每等份再横切成2～3段带潜伏芽的茎块。用70%甲基硫菌灵可湿性粉剂800倍液浸泡消毒1分钟，取出晾干。茎块有芽的一面向上，整齐地平放于苗床上，覆土、保湿育苗。带叶茎段育苗：将结果母株砍下，不用剥去叶片，只是割去叶片多余部分，保留一段叶片在茎段上，将茎切分成带叶茎段，消毒后，叶片向上，茎段在下，将其整齐码放于育苗箱或育苗池中，用消过毒的湿润木屑或椰糠等疏松保湿材料覆盖住茎段，进行催芽催根。催芽过程要勤检查，如发现木屑过干应及时喷水保湿，苗稍大后，用0.5%尿素水溶液进行根外追肥，苗高15厘米时取出移至苗圃，苗高25厘米就可定植大田。海南农户极少使用老茎育苗方法，该法操作不难，但较麻烦。在一些新品种推广的前期，苗木较为稀少的情况下，可以应用。

（四）带芽叶片扦插育苗

繁殖材料为冠芽，用利刀把叶片连同带芽的一部分茎斜切下来，即成一个带芽叶片，继续切取，直至幼嫩的中心叶不带芽。带芽叶片经消毒处理后，斜插在干净的沙床上，以埋没腋芽和叶基幼嫩部分为宜。夏季幼芽约30天可萌发。金菠萝的一个冠芽可切取约40片芽片，苗床出苗率可达85%以上。小苗移栽后，最终成苗率能够达到70%以上，即一个金菠萝的冠芽可以繁殖约30株苗，繁殖系数高达30倍。该方法为中国热带农业科学院南亚热带作物研究所菠萝课题组研发，目前已经在海南一些菠萝企业和合作社示范和推广，应用效果良好。

二、整形素催芽繁殖

整形素亦称抑芽丹、形态素、氯甲丹，为棕色乳剂，其作用位点是在植株的生长点上，形成花蕾时用整形素灌心就能使生殖分化改变为营养分化，诱发出果叶芽、果瘤芽、多冠芽，一个花蕾可诱发出多个果叶芽，这是提高菠萝繁殖系数的新技术。

（一）催芽时间与方法

在7—10月高温多雨季节催花，催花后第5天和第12天再分别按说明书用1200～1500倍和600～750倍整形素灌心。未经催花处理的植株不能灌整形素，否则会导致心叶增厚、叶缘卷曲成葱形，不仅没有果叶芽，还会抑制花蕾自然分化和正常发育。

（二）芽的管理

整形素催出的小芽繁多，每月按说明书对幼芽喷施1～2次0.5%～1%尿素和钾肥，促其生长，待芽长到20厘米时陆续摘下定植或假植，留在蕾上的小果叶芽仍可继续长大，后可取下作苗用。

三、组织培养育苗

菠萝组织培养育苗就是把菠萝的器官、组织或细胞（称为外植体）等从植株上切离下来，置于人工配制的培养基上，在一定环境条件下诱导分化。我国在20世纪70年代已进行了这方面的研究并取得成功。用叶基白色组织、花蕾、休眠小腋芽、茎尖等外植体，在MS培育基中添加2,4-二氯苯氧乙酸、6-苄氨基嘌呤、萘乙酸，在室温25～28摄氏度、光照16小时、室内培养的条件下，茎尖为外植体培养成的幼苗变异率约7%。

第二节　建园

建园是菠萝栽培的一项基础工程，一定要因地制宜，首先要选好地，搞好规划布局，然后才开荒种植。这些工作对菠萝产量、寿命和生产管理等都有很大的影响。应用优良品种、采用先进技术进行高标准建园是菠萝现代化、商品化和集约化栽培的首要任务。建立果园既要考虑菠萝自身的特点及其对环境条件的要求，又要考虑当地的地理环境、农业结构、社会经济条件，还要预测未来的流通状况和市场潜力。发展菠萝生产要做到有利于生态环境，不毁林，不造成或尽量减少水土流失。

一、园地的选择

园地的选择要考虑到三个方面：一是土质，二是坡度，三是运输。

土质状况对菠萝生长、产量、品质影响很大。海南的砖红壤地区土层深厚、疏松，有机质含量较高，团粒结构，保水、保肥能力较好。但干旱时，土壤表面易板结。因此，菠萝生产时应覆膜种植，可以保水、保肥和防草，同时防止土壤表面板结。沙质地也可以种植菠萝，其关键技术措施是：起畦防积水，前期重施混合农家肥，后期多施化肥，地表覆盖要牢记。前期管理中结合施肥进行松土培土，后期进行催花、促果，沙质地种菠萝同样能获得丰收。

园地的坡度不要太大，应有利于排水。要选平地或丘陵地，15度以下的斜坡地是很好的菠萝种植地，东南方向或南面的斜坡地最适宜，向西面坡则不好，果实容易被灼伤。在坡地建园，要做好水土保持工作，否则容易出现土壤流失、根群暴露、收果后吸芽部位上升的情况，而且培土困难，植株容易衰老，产量降低，寿命缩短。山脚洼地，虽然土层深厚肥沃，保水力强，但如果排水不良，根部就会腐烂，叶片变红，失水下垂，植株就会黄化枯死，容易感染菠萝凋萎病。在建园时，要按等高线修筑梯田，按一定距离设纵排水沟，园外围设防洪沟，以防大雨冲刷。

园地的交通运输要方便。现在菠萝生产绝大多数是连片开发、集中种植，在生产过程中应用机械整地、施肥、淋水、喷药、收获、运输，这就要求我们在选地的时候，考虑交通运输问题。在选择园地的时候，要充分利用靠近公路和沿河两岸的山地（有利于肥料、农药、其他生产资料和菠萝果实的运输），或者是水库四周的坡地（空气比较湿润，冷空气进来难，出去容易，是菠萝生产的有利环境）。

二、园地的规划

园地的规划要有利于水土保持、运输和管理。在种植区的边缘，主干道的里侧，挖100厘米宽、40～50厘米深的排水沟，可将雨水从畦沟排出，排入贮水池，供积水沤肥和追肥灌溉。根据地形和园地的大小，可修设出主干道、生产路和田间人行道路，方便菠萝园田间管理。

第三节　开垦整地

新开的荒地对菠萝生长是有利的，在杂草结籽以前，用拖拉机进行深犁，最好提早半年犁翻，并把茅草、硬骨草之类的宿根恶性杂草连根拔除、深埋，以免菠萝种植以后杂草丛生。深耕达40厘米，把草根深埋下层。若犁地浅，菠萝的根群就不能充分伸展，长势弱，结果迟，产量低。菠萝地开荒整地要多犁多耙，红黏土建议三犁三耙，沙质土壤可以二犁二耙，尽量保持鸡蛋大的土团，否则泥土容易板结。大雨时，泥土会溅积到叶心里或叶基内，使新叶难以伸张，会妨碍植株的生长和结果。

菠萝种植的畦式有三种：平畦、叠畦和浅沟畦（图5）。一般坡度比较平坦的缓坡可以采用平畦。坡度比较大，甚至超过15度的，就要采用叠畦或等高浅沟畦方式整地。

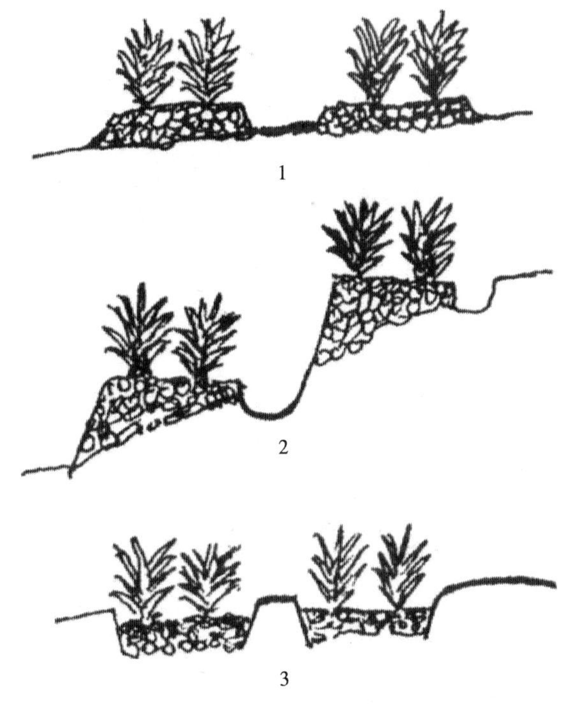

1. 平畦　2. 叠畦　3. 浅沟畦

图5　菠萝种植畦式

平畦的具体做法是全面开荒后，按预定的距离分幅，幅内再按预定的距离画线分畦，畦面100～120厘米，畦沟宽40～60厘米、深约25厘米，挖起的沟泥分别放在两边畦上，最后摊平畦面。平畦的种植方式适合平地或者坡度稍小的坡地，海南菠萝产区大部分采用平畦整地，一般采用双行平畦，也有采用多行平畦的，如三亚、乐东、昌江等产区的沙土地。

较陡或过陡的山坡，用机械或畜力开荒有困难，可以采用叠畦整地（具体操作程序见图6）。做法是先画幅，幅内再按每160米左右画一条等高线，然后把幅间便道和等高线上方锄出的泥块、草皮叠在线上，边锄边叠，把靠近上一畦线的下侧锄成深20厘米、底宽30厘米的排水沟。锄出的新土逐渐填入叠好的畦里，这样就做成了小梯田。叠畦的好处是把草皮、肥土全部叠在畦里，沟土坚实，新土放在畦面上，土壤容易风化；山坡阳光充足，有利菠萝生长；有利水土保持。缺点是操作流程多，土壤容易受旱。

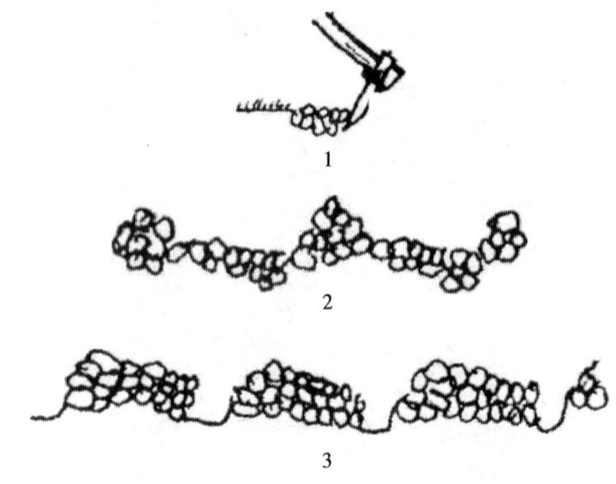

1. 畦距定桩　2. 依桩线把草皮锄出砌叠在桩线上

3. 继续把草皮锄出叠高和加宽畦面，并将新土锄松放在畦上即可成畦

图6　叠畦操作程序（侧面）

浅沟畦的优点是有利于水土保持，缺点是容易积水和引起菠萝根系腐烂，人工操作辛苦。目前叠畦和浅沟畦两种种植方式，不受群众欢迎，不被果农采用。

海南农民在长期的生产实践中，总结出经验是：要考虑到果园的水土流失和园地的可持续性发展的问题，从实际出发，创造出以短养长、长短结合的菠萝套种模式。如橡胶、菠萝套种，柠檬、菠萝套种，莲雾、菠萝套种，柑橘、菠萝套种等，以及菠萝、甘蔗间种，菠萝、蔬菜间种等。各种生产模式在防止水土流失的前提下，应尽可能地提高单位面积土地效益，并做到可持续发展。

第四节　定植时期、品种选择和合理密植

海南岛地处祖国南端，农产品和生产资料出入较为不便，岛内菠萝加工企业极少，海南生产的菠萝绝大部分以鲜食商品果流通全国，次果主要流向广东、广西的加工企业。海南菠萝生产农户长期积累生产经验，适应市场需求，依赖海南岛独特的热带、亚热带气候，能够生产出最早的反季节优质菠萝，最早占领菠萝鲜果销售市场。

海南菠萝能够在国内水果市场取得良好的声誉，离不开先进的生产经验。

一、调整植期，改变菠萝上市时间

海南菠萝正造果上市时间为5—6月，这一时期成熟的菠萝汁液丰富，味道香甜。但由于这一时期海南气温较高，在没有冷链运输的情况下，很难外运到北方市场，而且这个时间段北方水果也开始上市，菠萝的销售也会受到很大的冲击。因此海南的菠萝收获期最好在北方水果生产的淡季。根据多年生产和市场经验，海南菠萝主产期以春节前后为宜，且要早于广东菠萝的清明节前

后的主产期。考虑到春节假期用工的影响，建议春节前后一个月不安排水果上市。

目前海南菠萝的种植时间调整为10—12月，大苗种植、催花时间一般安排在翌年8—10月，收获期在第三年1—4月。鲜果在温度较低的季节运输既可保持新鲜又能卖到好价钱。

二、品种合理搭配，分期分批种植

在选择菠萝优良品种的同时，应注意早、中、晚熟品种的合理搭配，如早熟的'巴厘''台农11号''台农16号''台农17号'等品种与晚熟的金菠萝、'无刺卡因'等品种搭配。

避免在同一时间定植，结合上市时间分期分批种植，分批喷叶面肥、催花、壮果。这样就可以一年多熟，多次上市，提高经济效益。

三、合理密植

合理密植是提高单位面积产量的关键措施之一，对防止杂草生长和防风害、寒害、灼伤都有一定的好处。

栽植株行距、种植密度，依品种、地势、日照的不同而异。'巴厘''台农11号''台农16号''台农17号'等品种宜选平地、缓坡，种植密些；'无刺卡因'种植宜选陡坡，种植疏些。根据各地经验，一般采取两行植、三行植或四行植三种形式，每亩定植2500~2800株。具体可参考如下规格：大行距（人行道）0.7米，小行距0.5~0.6米，株距0.4米；或大行距1.1米，小行距0.4米，株距0.33米。菠萝每亩种植株数计算公式：

$$\text{每亩株数} = \frac{666\text{平方米}}{\left[\text{大行距（米）} + \text{小行距（米）}\right] \times \text{株数（米）}} \times \text{行数}$$

第五节 科学种植

一、种苗选择

菠萝种植前应选好种苗，首先要选择长势良好、无病虫害、无损伤、无变异、品种纯的种苗，其次要选择壮苗，苗要分类、分级。海南地区种苗通常用裔芽苗和吸芽苗，裔芽要在20厘米以上，吸芽要在35厘米以上。种苗供应必须做到迅速、及时。菠萝虽然耐旱耐藏，但长时间贮藏，种苗会损伤或腐烂等。短时间存放，应放在干爽的高地（防止积水烂苗），分成小堆放置，苗堆上方用帆布等材料遮阴避雨（防止因受潮受热造成心烂茎腐）。定植前若顶芽、托芽的基叶干枯过多，就难以种稳，且不易生根，缓苗较慢，应将干枯的3～5层基叶剥去。吸芽苗、蘖芽苗也要剥除5～6片基叶，过长的叶还要剪除1/4～1/3叶片（俗称割叶、砍头），便于种植、种稳和发根，也利于防止偷生，提高齐整度。

二、下足基肥

菠萝耐旱、耐贫瘠，同时也是一种耐肥作物，对充足的肥料具有强耐受力。菠萝一般种在丘陵、坡地上，并且种植密度很大。在菠萝生长后期，植株和叶片将行距间和株距间的空间封闭，根外土壤追肥极不方便。充足的基肥，不但可以及时供应幼苗期的养分，还能改善土壤物理性能，增加团粒结构，使土壤疏松透水、透气良好，调整土壤酸碱度，加速土壤微生物的繁殖，促进根系生长。下足基肥的菠萝园，抽蕾较齐一，果大，吸芽早抽发，抽生数量较多，产量也比无基肥的高得多。

海南果农在整地种苗前会下足基肥，一般每亩施农家肥500~700千克，加过磷酸钙25千克，复合肥10千克。如果没有农家肥，每亩要下过磷酸钙50千克，复合肥25~30千克。下基肥时结合整地先将基肥均匀地施放在植穴内，然后才定植。避免用复合肥作基肥，因为如果下一场大雨，化肥有被冲走的可能。因此，采用黑色塑料薄膜覆盖，既可防止杂草生长，又可防止雨水冲走表土和肥料。

三、巧栽植

栽植前首先要把各种芽分类、分级（按大小分），以方便管理。深耕浅种是菠萝丰产、稳产、优质栽培的关键性措施之一。种植一定做到浅种，一般以不盖过中央生长点为好。冠芽种植深度为3~4厘米，小吸芽种植深度为4~5厘米，大吸芽种植深度为6~8厘米。由于浅种，幼苗植株易受风吹而松动，影响发根成活、生长。因此，浅种的同时，要强调压实、种稳，使芽苗充分接触土壤，这样出根快，不易因风吹断根、倒伏。种植时可一手抓幼苗叶片，一手握手锄或削了尖头的竹片，在定植位用锄挖小穴放入芽苗后，扶正芽苗，两手用力压实植位土壤。

第六节　果园管理

加强果园管理是菠萝高产的关键。在深耕浅种、下足基肥、保证定植质量的基础上，科学管理果园能实现菠萝稳定高产。

一、追肥

菠萝是一次种植连续收获2～3造的多年生草本植物，具有果形大、单产高、生长快的特点，因此，它需要较多的肥料。如土壤缺乏矿质营养，将直接影响植株营养生长，使植株生长缓慢，瘦弱早衰，也会影响生殖生长，造成花蕾小、果小、产量低。为了使植株生长旺盛，按期投产和果大、产量高，并能持续高产、稳产，应根据菠萝的生物学特性和立地条件，合理进行施肥。

从定植后到催花前属营养生长期。施肥应以氮肥为主，以磷肥、钾肥为辅，目的是促进菠萝叶片抽生，增加叶片数和叶面积，为结果打下基础。抽蕾至果实成熟是生殖生长期，施肥以钾肥为主，以氮肥、磷肥为辅。据广西、福建、广东等地菠萝农户的经验，在菠萝施肥上氮肥、磷肥、钾肥的施用比例大致是3∶1∶2。

追肥是菠萝定植后的施肥。追肥又分根际追肥和根外追肥（即叶面追肥）。一般要进行5次追肥。

（一）苗期施肥

植株开始抽生新叶至长出4～5片新叶期间，分3次用高氮型复合肥料，每亩每次施肥不超过30千克。中苗期后分2次施肥，第1次每亩用尿素20～30千克、硫酸钾10～15千克混施；第2次每亩用尿素15～20千克、硫酸钾20千克、过磷酸钙50千克混施。催花前一个月停止施肥。

（二）花前肥

现红后，每亩施入复合肥20千克和硫酸钾10千克。对于容易裂果和裂柄的品种，如‘台农17号’‘金钻’，此时必须施入含有钙、硼等元素的肥料。

（三）壮果肥

抽蕾后，每亩施入复合肥20～30千克和硫酸钾10千克。

（四）叶面肥

营养生长期，每月喷施1次叶面肥，推荐用1%尿素和0.2%磷酸二氢钾混合液。开花末期推荐用1%磷酸二氢钾溶液1次。20～30天后，再用1%氯化钾溶液喷施1次。果实发育期每月喷施0.1%硝酸钾1～2次、0.1%硝酸钙镁1次，防止裂果。

二、除草

菠萝是浅根系多年生草本植物，植株矮小。海南新开垦的菠萝地里往往茅草多，如不及时除草，对幼苗生长发育威胁很大。海南菠萝园最怕茅草、硬骨草和香附子等恶性杂草。因此，在菠萝尚未封行时，要抓紧时机，在杂草幼小的时候及时连根除去，防止杂草遮盖菠萝，影响植株生长。进入结果期、已封行的菠萝园，由于植株已长大，叶片已覆盖畦面，杂草较少，若畦沟仍有杂草，也要及时把杂草除去，特别是要在杂草结籽前除去。除草可人工除草，也可以采用化学药剂除草。除草剂可用选择性除草剂，如莠灭净等。

三、培土

海南岛降雨量多，特别是夏季暴雨频繁，大雨会把菠萝畦上的表土冲刷到沟底，导致一些根系裸露。特别是海南的菠萝大多数种在丘陵、坡地上，园地有一定坡度，新种的菠萝土壤疏松，大雨或暴雨会将小苗冲起，有的泥土会将幼苗埋没，造成畦沟阻塞，使菠萝植株生长受影响。因此雨后必须进行轻培土，将被雨水冲到畦沟的表土培回畦面，盖住裸露的根系。菠萝结果后，代替母株结果的吸芽自叶腋抽生，位置逐年上升。吸芽的气生根不能直接种入土中吸收养分和水分，会削弱菠萝生长势，结果后也容易倒伏并早衰，故须及时进行培土，一般结合除草和采果后清园施重肥进行。培土的高度要盖过吸芽的基部，同时修整畦沟。对栽培多年的植株培土更为重要，只有培土加厚畦面的土层，使根入土中，促进芽苗旺盛生长，才能继续保持高产、稳产。

四、排水和灌溉

菠萝生长最忌积水，所以在雨季前要修整排水沟，以利排水。菠萝要求通气良好的环境，土壤水分过多，通气不良，会导致烂根和菠萝心腐病的发生，严重影响生长及结果。因此，及时排水不可忽视。菠萝虽然耐旱，但在苗期和果实生长发育期需要较多的水分。因此，在种苗定植时，特别是在定植后一个月左右，遇旱时需要灌溉，以促进新根萌发，加速植株生长。海南各主产区一般没有灌溉设施，丘陵、坡地灌溉难度大。但是利用春、秋雨季进行定植，也可克服苗期水分供应的困难。在果实生长发育期，特别是果实成熟前需要的水分特别多，因此需要灌溉。灌溉有地面灌溉和叶面喷灌两种，在丘陵、坡地是难以做到地面灌溉的，一是因为水源缺乏，二是因为不好开沟灌溉，因此可以采用叶面喷灌。

第七节　催花、壮果和催熟

菠萝自然开花抽蕾率不高，且不整齐。自然开花的果实往往较小，大小不整齐，成熟期不一致，分批采收困难，而且容易使产地的收获集中，导致短期内供大于求，容易造成价格低廉、滞销。海南产区自然抽蕾率一般在85%左右，密植果园自然抽蕾率会更低。果实成熟期一般集中在6月、7月，这一时期天气温度高，不适合北运鲜销，而且会和这一时期上市的北方其他时令水果产生市场冲突，不利于销售。因此，必须进行人工催花，将果实成熟期调整为春秋季节和春节前后，有利于市场销售，提高果农收入。

一、催花

（一）催花药剂

1. 电石

电石的主要成分是碳化钙，化学式为CaC_2。电石是一种矿物，不是植物激素，但是电石极易吸湿，遇水后会产生乙炔气体。乙炔同乙烯一样可以促使菠萝提早开花。因此，生产上也将电石归为植物生长调节剂。由于电石在细胞及组织运转过程中易受外界环境条件影响，会产生乙炔，促使菠萝提早开花，所以在生产上，它最先作为催花药应用在生产中。但是使用过程中不如乙烯利方便，现应用较少，主要用在较难催花的新品种菠萝种植上。

2. 乙烯利

乙烯利（ACP、CEP、CEPA）是不饱和碳氢化合物，能促进菠萝体内乙烯合成酶生成乙烯，促使菠萝提早开花。乙烯利与其他激素一样，低浓度有促进生长作用，适量浓度有促进开花和催芽作用，高浓度有促进果实成熟作用。

乙烯利还具有催熟作用。乙烯利催熟后的果实，如留在母株上比提早从母株上采收的更具有耐贮性，且不影响鲜食和加工品质。因此，在菠萝收获高峰期，可以采取将果实留在树上，分期采收的办法，减轻采收高峰期的压力。

目前，海南菠萝产区已广泛应用乙烯利促进菠萝开花、调控果实的生长时间和催熟等，其效果稳定，安全可靠，使用方便。

3. 萘乙酸和萘乙酸钠

萘乙酸（NAA）是人工合成的植物生长调节剂，纯品为白色结晶，不溶于水，可溶于酒精、醋酸和苯。萘乙酸（NAA-Na）是一种弱酸物质，可与碱反应生成盐类。萘乙酸钠简称溶于水，具有催花作用，也有促果的功效。

（二）催花时间

菠萝的催花时间是可以依据采收期控制的。一般而言，从种植到采收需要18个月，催花时间由采收期决定。比如，‘巴厘’在海南4—5月催花，9—10月采收；6—7月催花，11—12月采收；8—11月催花，翌年1—4月采收。海南的反季节菠萝一般在8—9月催花，翌年1—4月收获。因此在催花前，需要先预计上市时间。海南东部的万宁、琼海、文昌、定安主要种植‘巴厘’，春季采果；‘台农11号’‘台农17号’也有种植，但是面积不大，这两个品种比‘巴厘’成熟晚，适宜在海南东南部种植，春季采收。海南西部的乐东、东方、昌江主要种植‘台农11号’‘台农17号’和金菠萝，春季采收。海南西北部的澄迈主要种植‘台农16号’，主要安排在秋季采收。

（三）催花植株标准

皇后类‘巴厘’33厘米长的绿叶数有30～35片，单株重超过1.5千克时可以催花。卡因类40厘米长的绿叶有40片，单株重超过2千克时可以催花。在生产实践中，催花主要根据叶片多少来决定。植株叶片不够多者，也能催出花来，但果实小，商品价值低。由此可见，加强管理，促进植株良好生长，是促进催花成功的关键。

（四）催花浓度和操作

1. 乙烯利催花

乙烯利催花的浓度不太严格，$2.5\times10^{-4}\sim10\times10^{-4}$都有效而安全，但具体操作时应根据气候和品种的不同而异。低温时，卡因类需要的浓度高，而高温时，‘巴厘’需要的浓度低。气温高，或者是‘巴厘’使用浓度为4×10^{-4}即含量40%的乙烯利15毫升，加水15千克；气温低，卡因类使用浓度为8×10^{-4}即含量40%的乙烯利30毫升，加水15千克（见表1）。在催花的同时，加入0.2%的优质尿素溶液或加入0.2%氯化钾溶液，每株灌心30～50毫升。用事先准备好的竹筒或其他容器对植株进行灌心处理，也可以用背负式喷雾器点心。使用背负式喷雾器点心比使用竹筒灌心的工效高1～2倍。

表1 40%乙烯利水剂稀释表

浓度（$\times10^{-4}$）	每毫升加水量（千克）
2	2
4	1
8	0.5
10	0.4

2. 电石水灌心

电石水灌心的浓度一般为0.5%～1%，用其淋灌菠萝植株的心部。大的每株灌30～40毫升，小的灌10～20毫升，灌满心为止。应用此法应注意电石水的浓度，浓度过高，会造成乙炔散失而影响效果。‘台农16号’和‘台农17号’浓度要达到1.5%～2%，催花率才高，每次间隔2～3天，连续使用2次。

3. 电石粒投心

通常每株用电石粒0.8～1克，投入露水未干的菠萝植株心部。据台湾果农介绍，通常选择8—10月和3—4月进行电石粒投心催花，前者可以产春果，后者则产秋果。采用电石催花应考虑天气条件和施肥水平，要选择晴天进行，最好在夜间11时至凌晨。处理前后一段时间要避免施硫酸化肥，否则会影响催花效果。使用电石粒投心时，如电石结块，禁止用铁锤敲打（易发生爆炸）。每次间隔2～3天，连续使用2次。

4. 萘乙酸和萘乙酸钠催花

用萘乙酸或萘乙酸钠催冬果，要在每年6月上旬或中旬灌心，才能在11月下旬至12月上旬收果，避开农忙季节。通常使用浓度为$4 \times 10^{-6} \sim 4 \times 10^{-5}$，其中浓度为$1.5 \times 10^{-5} \sim 2 \times 10^{-5}$时效果更好。

从以上几种催花药剂来看，乙烯利效果最好。经乙烯利催花的菠萝，25～28天抽蕾，抽蕾率达95%以上；经电石催花的菠萝，经27～35天抽蕾，抽蕾率达90%以上；经萘乙酸或萘乙酸钠催花的菠萝，经35天左右的时间抽蕾，抽蕾率达60%～65%，壮苗的抽蕾率也达到90%左右。果农认为，电石催花果梗短，品质好，果实酸度低，'台农16号''台农17号'到年底采收果实必须用电石催花。菠萝叶片中的气孔开放主要在夜晚，催花可以选择清晨或者傍晚，多云天气也可以，在夜晚或者一天的低温时期喷施催花试剂更为有效。

二、壮果

用激素喷果可以促进果实发育，增加产量，还可以延长果实成熟期，现在已成为海南菠萝生产中的一项增产措施。常用来喷果的激素有赤霉素、萘乙酸和萘乙酸钠。此外活性液肥也可用于喷果，效果也不错。

（一）赤霉素喷果

赤霉素喷果的使用浓度为$5\times10^{-5} \sim 7\times10^{-5}$，即1克赤霉素用5毫升酒精或三花酒溶解后，兑水20千克或兑水14.5千克，再加入0.1千克优质尿素混合拌匀，喷果至湿润为止。第一次使用浓度为

5×10^{-5}，在花序小花开一半时进行；第二次在花序小花全部谢花时进行，使用浓度为7×10^{-5}；或谢花后和收获前半个月用30毫升稀土、0.5克赤霉素、200克尿素、200克硫酸钾，加水15千克搅拌均匀喷果。用赤霉素喷果后，菠萝果色鲜绿，成熟时金黄色，果眼饱满圆平，冬果增产明显。喷果次数超过2次，果实贮藏性降低。现在市场上也有水剂赤霉素可直接冲水喷施，使用方便。

（二）萘乙酸和萘乙酸钠喷果

一般在花序小花开花末期进行第一次喷果，浓度为1×10^{-5}，即1克萘乙酸加水100千克；隔15～20天喷第二次，浓度为2×10^{-5}，即1克萘乙酸加水50千克，喷时每次都应加0.5%的优质尿素一起喷果，以提高激素的增产效果。应该注意的是，浓度超过5×10^{-5}（即1克萘乙酸加水少于20千克）时，对吸芽有明显的抑制作用，使用时不能把药液喷到或使药液流到叶腋和茎部，更不能将药液喷到中、小吸芽上，以免引起早抽蕾，果小，经济效益低。万宁、琼海、文昌等地还使用混合激素喷果：取赤霉素1克、萘乙酸3毫升、尿素100克加水15千克喷果，效果更加显著，但此法对果实品质和耐贮性有影响，容易出现菠萝黑心病，故不主张采用。

此外，还可以使用萘乙酸钠喷果，其使用时间及浓度与萘乙酸相同。

（三）活性液肥喷果

从增加营养的角度出发，海南各地推广高美施、施尔得、高钾叶面肥等喷果，效果也好，未见菠萝黑心病出现。在留芽期、抽蕾期、果实膨大期和收果后进行，使用浓度为1∶400兑水喷施，可促进植物营养生长，提高抗性，有利果实发育、膨大，从而达到增产目的。

植物激素和活性液肥喷果，操作简单方便，技术容易掌握，一般增产率在15%～20%，因此深受果农欢迎，在海南主要应用于‘巴厘’壮果。而针对近年来引进的优良鲜食菠萝品种，果农为了获得优良品质的果实，很少用激素进行壮果，大多数果农在果实发育期会用活性液体肥料和中微量元素肥料喷果，以得到优质商品果。

三、催熟

海南春、冬季上市的北运菠萝，主要品种是‘巴厘’，因气温较低，果实成熟后，果皮颜色和果肉颜色很难短期内转黄，生产上采用乙烯利进行植株上催熟，俗称打黄。树上催熟可以提早收获、统一收获，有利果实保鲜和劳动力的合理安排。用乙烯利催熟后，菠萝果肉变黄，果皮颜色变黄、变红，外观漂亮，果实也变得饱满，商品性得到提高。生产上常用乙烯利进行催熟，还能分期、分批催熟，分批采收，也可以做到统一催熟，人为控制成熟期，降低生产成本。

用乙烯利催熟时，一定要掌握果实的成熟度，果实太青催熟则品质不好，产量下降；太熟则无必要催熟或者造成果实耐贮性差。据各地经验，一般在七成熟时进行，从外观看，以果实基部3～5层果眼变黄为特征；从时间上算，按抽蕾至催熟的天数计算，夏、秋果约100天，春、冬果约120天。

乙烯利催熟的使用浓度为1×10^{-3}～1.5×10^{-3}（即0.1%～0.15%）。喷果催熟应选在晴天进行，注意喷果要均匀，以整个果面喷湿至有少量药液滴下为宜。经喷果催熟处理后，夏、秋果7～12天果皮就能变黄，可采收；春、冬果由于气温较低，需15天左右果皮才转黄，才可采收。经乙烯利处理的果实采收后应及时调运、销售和加工，否则容易生理性黑心。由于乙烯利催熟使用的浓度较高，喷药时要注意不能把药液喷到小吸芽苗上，否则会诱发小吸芽早抽蕾。

第八节　果实保护和分苗、留苗以及冠芽和裔芽的留除

一、果实保护

果实保护主要有三个方面工作：防晒、防鼠和防霜冻。

（一）防晒

夏、秋两季，特别是6—7月成熟的菠萝很容易被烈日直射，引发日灼病。轻者发育受到抑制，品质降低；重者果肉软腐，造成损失。为了避免果实被灼伤，必须在收获前一个月完成护果工作。生产上采取的有效措施如下。

束叶法。用塑料带束叶，将果遮护。束叶时，不要束得太紧太密，以既可蔽日又利于通风为宜。向西一面的叶片密一些，其他方向的可以疏一些。卡因类品种叶片长，用此法较好。

套袋法。果实套上牛皮袋、废旧的报纸或者白色无纺布可以有效防晒。目前海南主要应用套袋法。

（二）防鼠

海南主要生产春、冬菠萝，秋季催花后现红，菠萝抽蕾的幼

果和幼嫩的顶芽会被老鼠啃食。菠萝果实开始成熟时，果皮褪绿转色时，老鼠和蟋蟀等动物也常咬食。因此，应在催花和采果前一个月，在果园四周投放鼠药，减少鼠害。

（三）防霜冻

海南栽培菠萝冻害较少，但近年来，随着全球气候变暖，极端天气频繁出现。为了避免霜冻对海南菠萝造成影响，农户将塑料薄膜或者遮阳网覆盖在菠萝植株上，保护菠萝心叶，天气转暖后可去掉塑料薄膜或者遮阳网，该法防霜冻效果很好，但因成本高，在大田生产中尚未大面积应用。

二、分苗、留苗

在山地和陡坡地种植的菠萝因地形地势限制，种植成本高，一般采取苗木一年种植，果实收获后，通过留苗，进行第二造、第三造果实生产，通常可以留到第四造果实，即五年四造的生产方式。平地或者坡度较小的坡地则是在菠萝收获后重新翻地再种，海南菠萝主产区主要是这种生产方式。

进行多造生产的菠萝地，在果实收获后要进行菠萝苗的分苗（农户也称分苗为“分芽”）和留苗（农户也称留苗为“留芽”）工作。菠萝分苗和留苗的原则是去老弱，留粗壮。每个老株留一两个芽，每亩留四五千株苗。收果两三次后的老株，为了复壮种苗，保证高产稳产，延长结果年限，在分苗的同时，要根据植株的强弱情况，进行清园工作，实行疏株措施，把老茎头除去。除老茎头时，必须施重肥和培土，同时进行补缺换苗的工作。

分苗时，必须尽量保留接近地面的粗壮的大吸芽，作为翌年的结果株。高位留芽，不好培土，结果后又容易倒株，影响果实发育，造成减产，还容易出现早衰。如果母株低位处没有大吸芽，只有小吸芽，也应先留低位处的小吸芽，再选高位处位置相对较低的大吸芽，作为翌年的结果株，其余吸芽全部分出。如果是采用双株留苗，分苗时要注意吸芽的方位，尽量选留对称位置，不要集中一方，以免过于密集，影响吸芽生长。

取下的苗也可以作为种苗来用。注意取苗后要进行晾晒，尤其是在下半年台风季节，高温多湿的条件下，未晾晒的幼嫩苗木直接种下地，很容易发生菠萝心腐病，使得苗木烂心死亡。少雨干旱季节则不需要久晒。苗木采摘后，适当晾晒即可，一般晾晒1~3天。苗木晾晒时，应倒立起来，即苗木根部向上，苗木顶部（苗心）向下。倒立放置可以使苗木保持干燥，也可以起到杀虫抑菌的作用。

三、冠芽和裔芽的留除

（一）打顶

当菠萝果实冠芽长到基部中部圆大，且有幼根长出，叶片已散开，长15~20厘米。冠芽已成熟，可用作苗种植时就将冠芽打掉，叫作打顶。打顶使果顶滚圆、美观、增加果重及产量。但近来也有报道，冠芽不会影响果实增大，一般不除去，特别是在海南更应保留。由于海南气温高、光照强烈，留冠芽可以防晒。在销售包装过程中，留冠芽可延长果实寿命，还可防止果实互相碰撞。

（二）封顶

当果实谢花后一星期左右（冠芽长到6厘米左右）时，就一手扶果，另一手四指与手掌握住幼果，扶稳，用大拇指将小冠芽推倒。冠芽在小时就推下，可促进果实发育和增产。另外，推下的小冠芽仍能用于育苗。缺点是正值高温季节打顶，果实容易灼伤，必须采取盖草防晒措施。打顶和封顶的主要区别在于除顶时冠芽的高度和去除时间不同，本质上大同小异。

为了促进果实膨大，提早收获，提高产量，菠萝结果后适时切除顶芽是很有好处的，切下来的顶芽，还可以繁殖作苗用。切除顶芽要注意掌握时间和讲究切芽方法。当顶芽长至18~20厘米时，其上部开张，茎部有根点出现时，就可以进行切芽。切芽应在晴天下午进行，露水未干或雨天切芽容易引起切口霉烂。切芽时从顶芽基部距果实1厘米处下刀，刀要锋利，一刀切断，防止芽基部破裂，影响伤口愈合。顶芽切除后，立即进行一次根外追肥，用1克赤霉素和0.2千克硫酸钾，兑水14.5千克喷施，可促进果实膨大，增加果重。

（三）裔芽除、留

着生在果柄上的裔芽，确实会影响果实的发育，应及时分批除去，因为一次摘除伤口多，果柄易干缩而使果实倾斜。若需作种苗，可把除下的小裔芽集中培养，或留低位的1~2个芽，让其生长到20厘米左右再摘下种植。

第九节　病虫害及其防治方法

菠萝的病虫害有约50种，在广东、海南两省发生的有10种左右。比较严重的病害有菠萝凋萎病、菠萝心腐病、菠萝黑腐病、菠萝黑心病，以及菠萝叶斑病等。为害比较严重的虫害有菠萝粉蚧（蚧壳虫）和蛴螬等。

一、主要病害

菠萝病害按照致病病原和发生方式大致分为真菌性病害、细菌性病害、病毒性病害和生理性病害。

（一）菠萝凋萎病

菠萝凋萎病是一种常见的和危险的病害，在全世界菠萝产区均有发生。病因尚未清楚，有人认为是菠萝粉蚧刺吸所致；有人认为是病毒造成的；也有人认为是某些真菌，特别是镰刀菌类所致；更有人认为是因为排水不良土壤水分过多导致根腐烂，或过度干旱根系大部分旱死所致。其中较多人认为是粉蚧刺吸，同时传播病毒所致，海南农民称该病为“菠萝瘟”。

1. 症状

菠萝凋萎病又称菠萝根腐病。田间菠萝植株发病时先是根系停止生长，随后腐烂或枯死，严重时几乎大部分根群坏死。地上部先是叶尖表现失水、皱缩，叶片逐渐褪绿变黄，随后变红色，整株叶片凋萎，严重时整片菠萝田会呈现苹果红色，病株显著缩小，叶片边缘向下反卷、紧折，果实小、早熟，甚至整株枯死。生长旺盛或已坐果的菠萝植株比生长势衰弱的植株发病更早，症状表现更明显。植株产量和单果重下降，在生长周期中，症状出现越早，减产幅度越大。

2. 发病规律

本病多在秋冬季高温干旱和春季低温阴雨天气发生，海南多发生在11月至翌年2月。秋季干旱期，粉蚧繁殖快，可借风吹传到邻近植株取食，加速病情的扩散。春季阴雨期，土质黏湿，该病造成菠萝根系不易生长且腐烂，加重病情。‘巴厘’比卡因类抗病，新开荒地比连续种植地块发病轻。

3. 防治方法

①选用无病虫的健康种苗，不到病园引进种苗，以防种苗带病。若从有病菠萝园引进种苗，应进行株选，千万不要从病株上取苗。安全起见，应用药液浸种苗根茎部2分钟，稍微晾干后定植。浸苗用药剂有：38%吡虫·噻嗪酮悬浮剂2000~3000倍液、50%多菌灵可湿性粉剂800~1000倍液。

②选种选抗病虫害品种。金菠萝、‘台农11号’、‘巴厘’比较抗该病。

③消灭粉蚧和蚂蚁。加强果园管理，增施有机肥，防止积水，培土不让水土流失，避免造成根系裸露。

④深耕改土，增施有机肥料，改善土壤团粒结构。合理密植，提高植株抗病的能力。

⑤在倾斜地种植菠萝时应采用沟种，在平地和排水不良地块种植时应采用高畦。雨季要及时排水。

⑥封闭病区，集中烧毁病株，杜绝病原。

⑦对轻病区可选以下1种杀虫剂和1种杀菌剂混配。杀虫剂：38%吡虫·噻嗪酮悬浮剂2000~3000倍液、22.4%螺虫乙酯悬浮剂2000~3000倍液、20%螺虫·呋虫胺悬浮剂等。杀菌剂：50%多菌灵可湿性粉剂800~1000倍液、25%吡唑醚菌酯悬浮剂1500~2000倍液、80%代森锰锌可湿性粉剂800~1000倍液等。每10~15天喷雾1次，连续3~4次，同时也可防治其他病虫害，添加1%~2%尿素混合喷洒，可促进叶片转绿。

（二）菠萝心腐病

菠萝心腐病也称菠萝烂心病、菠萝心枯病等，是菠萝的主要病害之一。常见于定植不久的菠萝园，金菠萝发病率高。该病蔓延迅速，会造成较大损失。菠萝心腐病主要为害幼苗，但在生长期和结果期也有发生。菠萝心腐病在海南、广东、福建、台湾和广西等地均有发生。

1. 致病病原和发病症状

菠萝心腐病病原菌为烟草疫霉。

菠萝发病初期，叶片暗淡无光泽，一般不易被察觉。随着病情的发展，叶片逐渐变为黄绿或红黄色，叶尖变褐、干枯，叶基部出现淡褐色水渍状病斑，并逐渐向上扩展，后期在发病部位与健康部位交界处形成波浪形深褐色界纹，腐烂组织软化成奶酪状，心叶极易拔起，最后全株枯死。天气潮湿时，受害组织上覆有白色霉层，常闻到腐臭的气味。

2. 发病规律

全年均可发病，尤其是低温阴雨季节和8—10月台风雨季易发该病。该病初浸染源主要来自种苗，尤其是带菌的吸芽苗。该病借助昆虫或人们田间活动传播。

3. 防治方法

①选用健康种苗，植前进行种苗消毒。种苗应来自无病区，并尽可能选用壮苗，种前将种苗基部叶片剥去数片后，用50%多菌灵可湿性粉剂1000倍液浸苗基部10分钟，倒置晾干后种植。

②改善园地排灌系统，避免雨后积水。

③及早发现、拔除病株。拔除的病苗要集中进行无害化处理，病穴要换土并撒施石灰消毒后再补植。

④中耕除草时，避免损伤基部茎叶。

⑤合理施肥，不偏施氮肥。

⑥发病初期，及时施药防治。可用10%苯醚甲环唑水分散粒剂800倍液，或25%吡唑醚菌酯悬浮剂1500倍液，或30%苯甲·吡唑酯悬浮剂1500倍液，或18.7%烯酰·吡唑酯水分散粒剂800倍液，或70%甲基硫菌灵可湿性粉剂600倍液，或50%烯酰吗啉可湿性粉剂1500倍液喷雾，或52.5%噁唑菌酮·霜脲氰水分散粒剂1500倍液，或40%多·硫悬浮剂200倍液，或73%代森锰锌·霜脲氰可湿性粉剂500倍液。若为喷雾，则用量要增加，保证基部的茎叶能接触药液，防治效果才好。

（三）菠萝黑腐病

菠萝黑腐病属真菌性病害，多发生于成熟的果实，也为害幼苗，又叫凤梨软腐病。

1. 致病病原和发病症状

病原菌是奇异根串珠霉，从植物体表伤口侵入寄生。发病初期果面出现小而圆的水渍软斑，果肉仍呈黄色透明，2~3天后，病斑逐步扩大到整个果实，形成黑色大斑块，患病组织由黄白色变成灰褐色，腐烂，有发酵臭味。病原菌可侵害幼苗，引起苗腐。病原菌也可从摘除冠芽、裔芽伤口处侵入，侵入嫩叶基部引起菠萝心腐病。

2. 防治方法

①不用带病种苗，植前对种苗进行消毒，后期少施或不施氮肥，采收时轻拿轻放。

②尽量在晴天上午摘果，摘果时保留顶芽以及2厘米长的果柄，果柄伤口需平滑。如遇下雨，有条件的可将切口烘干或用毛笔蘸取45%咪鲜胺水乳剂500倍液涂抹果柄切口进行消毒。

（四）菠萝黑心病

菠萝黑心病是菠萝主产区常见的病害，在广东、广西、福建和海南等地广泛流行。绿果和成熟果实均可受害，轻则果实品质下降，重则失去鲜食和加工价值。

1. 症状与病因

菠萝黑心病多数发生在果实后熟期，果心先变黑而后腐烂，存放时间长的果实果肉也腐烂。由于发生在后熟期，多数在销地发生，但在产地存放后熟的果实也同样会出现此现象。受害的果实果肉变褐色或黑褐色，病果外观与正常果相似，但用手弹打果实时，病果有水响声，在这种果实中可找到真菌。还有一种情况是在贮藏中，特别是贮藏后期，果实生理衰退时，靠近果心的果肉出现褐色至深褐色的病变，但找不到病原菌，通常被认为是生理性病害。

据调查分析，其主要原因如下。

①开花期遇低温阴雨天气，病原菌随雨水为害小花，造成小果受害呈褐色或黑褐色。

②使用萘乙酸喷果壮果操作不当。萘乙酸是一种高效的刺激剂，比赤霉素壮果效果更显著，一般只使用一次且不允许超量，如喷次数多且超浓度，则容易引起果实细胞壁变薄，肉质结构变软而引起黑心。

③菠萝园缺少有机肥作基肥，果实发育后期偏施氮肥。

④采用乙烯利催熟时浓度过大。

⑤催熟果实过早或过迟。果实七成熟时催熟最好，过早或过迟都可能造成黑心病发生。

⑥运输途中处理不当。海南温度高，销地温度低，客商在运输中常进行防寒处理，车中常用草帘保温，若盖得过厚，果实发热易引起烂心。

2. 防治方法

①使用激素喷果的次数和浓度要准确，或不使用激素壮果，改用高美施、磷酸二氢钾、施尔得壮果。

②施足有机肥，后期增施钾肥。

③在贮藏前用32~38摄氏度干热处理24小时，可降低该病发生概率。

（五）菠萝叶斑病

病原菌主要为真菌，受害叶片出现斑点、斑块，导致光合作用面积减少，光合作用效能降低，使植株生长衰弱，影响产量，严重时甚至全株枯死。

1. 种类

菠萝叶斑病有很多种类，常见的有两种。

①环痕裂盘孢叶斑病

环痕裂盘孢叶斑病主要为害菠萝的中、下部叶片，在苗期、大苗期均可受害。病斑在叶面和叶背都可以见到，初期为淡黄色、绿豆大小斑点，条件适宜时斑点扩大，中央变褐色、下陷，后期病斑为圆形或长椭圆形，常相连，边缘深褐色，有黄色晕斑，中央灰白色，大小为（0.9~9）厘米×（0.3~1）厘米，上面着生黑色刺状小点（病原菌的分生孢子盘）。

②炭疽病

炭疽病主要发生于中、下部叶片。病斑为绿豆大小的褪绿斑点，后扩大成椭圆形，浅褐色，凹陷，边缘深褐色隆起的病斑，大小为（1.3~4.5）厘米×（0.5~1）厘米，可相连，中央偶尔生有突破表皮的黑色小点（病原菌的分生孢子盘和刚毛）。

2. 防治方法

合理施肥、排水，增施磷肥、钾肥，不过量施用氮肥，使植株生长结壮，抗逆性增强。

发病初期喷0.5%～1%波尔多液保护，当病情严重时，用甲基硫菌灵，或多·硫，或百菌清，或代森锰锌等杀菌剂，按说明书喷杀。

（六）裂柄、裂果病

裂柄、裂果病属于新型的生理病害。据报道，目前裂柄主要发生在杂交类的菠萝品种上，在我国主要表现在‘台农6号’‘台农16号’‘台农17号’和‘台农22号’上。

裂柄分为水平开裂和垂直开裂。病果最初表现为水平开裂，在圆锥花序的花柄发育到1～2厘米时出现这个症状。与正常果实比较，裂柄的果实表现为果实小且向一边扭曲生长。这种病害在土壤酸碱度为4～4.5时明显增加，严重时出现果眼开裂、冠芽焦枯等情况。裂柄与品种关系密切，‘台农6号’和‘台农17号’等容易裂柄。一般情况下，催花果出现裂柄的情况比较少，而自然果则比较多，说明裂柄与铜元素的缺乏、硼元素的缺乏相关。目前，台湾提倡在花序露红时期使用“凤梨宝”防止此类现象的产生，效果比较明显，但是“凤梨宝”的成分尚不得而知。

果心开裂多与温度及水分有关，留果实冠芽，避免果实直接受日晒，并注意灌水、预防风害等可预防果心开裂。

（七）菠萝水心病

菠萝水心病发生在菠萝成熟期，属于新型的生理病害。切开果实后，果肉剖面呈现水浸状，用手指轻弹果皮回音浑浊不清。菠萝水心病较少发生于皇后类品种，而在卡因类及其杂交种中发生比较多，如‘台农11号’‘台农16号’。该病与产果季节及果实施肥管理水平关系明显，一般来说夏季果实易感此病，导致果实商品性能差。有研究表明，果实坐果后施用钾肥含量高的复合肥料后，菠萝水心病较少发生。

（八）菠萝小果褐腐病

1. 病因及症状

病原菌为绳状青霉菌，该病的发生与寄生在菠萝植株心叶的跗线螨有关。一般跗线螨寄生在菠萝叶基部的表面、花序苞片和花瓣上。

该病主要为害成熟果。催花后6～7周花序出现时，螨虫数量达到高峰，绳状青霉菌通过被螨虫咬伤的表皮伤口侵入未开花的花中。催花6周后，当气温在16～21摄氏度时绳状青霉菌感染最为严重，真菌在小花内部大量繁殖。因此，在正常开花前1～2周感染就已经发生。

2. 防治措施

该病重在预防，催花前2周以及催花后1～5周，可喷施4%阿维·哒螨灵乳油或5%阿维菌素悬浮剂800～1000倍液2次，花期遇阴雨天气，可喷施25%嘧菌酯悬浮剂800～1000倍液或者波尔多液进行防控。

（九）其他缺素症

1. 黄化

土壤含钙、锰过多，酸碱度大于7，叶片常出现缺铁黄化，下垂，逐渐枯死。可用1%硫黄粉加2%硫酸亚铁水溶液喷叶，2～3周喷一次。

2. 绿萎

病株因缺铜而叶色淡绿，叶质薄而窄，叶片无白粉且呈现绿色斑，叶心短而窄，叶面无红色，逐渐死亡。可隔月喷波尔多液

1次，连喷3次。

3. 缺硼

病株心叶畸形有缺刻，植株停长，顶部枯死，伤口易受青霉侵染而使果实腐烂。可用0.2%硼砂溶液喷叶。

4. 缺镁

病株老叶边缘出现浅黄色斑点。砂土和强酸性土缺镁严重，是限制产量的因素。可在土壤中施入石灰、硫酸镁或叶面喷施0.2%硫酸镁。

二、主要虫害

（一）菠萝粉蚧

菠萝粉蚧是菠萝常见的危害严重的害虫，属于半翅目粉蚧科洁粉蚧属。菠萝粉蚧的寄主有菠萝、香蕉、番荔枝、柑橘、咖啡等，菠萝粉蚧群聚于植株根、茎、叶等，吸食汁液为害。国内外产区均有发生，海南终年可见，受害严重的地方，受害率超过50%。

1. 症状

被害的叶片褪色变黄色或红紫色，随后叶片软化，甚至凋萎。被害根变黑色，组织腐烂，丧失吸收功能，致使植株生长衰弱甚至枯萎。被害轻者果实皮部失去光泽，品质变劣；重者果身萎缩，不能正常长大。此虫的分泌物和排泄物含有蜜露，能诱发煤烟病。在刺吸为害的同时，还能传播病毒，引致菠萝凋萎病。

2. 生活习性

菠萝粉蚧，在海南4—10月为主要危害期，若虫和成虫常群集于叶与茎交界处为害，全年发生7～8代。菠萝粉蚧发生数量与寄主的生长状况及降雨情况有密切关系。植株生长健壮，汁液充足，害虫发育快，产卵多。降雨量也会影响其繁殖，植株基部积留的雨水会淹没粉蚧，3天后虽未全部死亡，但在水中的菠萝粉蚧不能产卵，离水后其繁殖力也会衰退。暴雨则可冲刷菠萝粉蚧。蚂蚁在取食菠萝粉蚧的蜜露时，也促进了菠萝粉蚧的扩散传播。

3. 防治方法

（1）种苗处理

用1.8%阿维菌素乳油500～800倍液浸种苗基部5～10分钟后种植。

（2）田间防治

加强田间调查测报，在该虫卵盛孵时期喷药。可选用25%喹硫磷乳油1000～1500倍液，或70%噻虫嗪种子处理可分散粉剂5000～8000倍液和3%啶虫脒乳油1500倍液，或22.4%螺虫乙酯悬浮剂3000倍液等。春、冬两季使用稀释10～20倍的松脂合剂防治效果也好。

（二）蛴螬和蟋蟀

1. 症状

金龟子的幼虫叫蛴螬，常咬食菠萝地下的茎和幼根，受害初期叶片褪绿，后期叶片失水变红而无光泽，叶尖收缩、干枯，地下部受害轻时有部分根，重时根全无。地下茎被咬成缺刻，无法继续生长，植株一拔即起。主要原因是施用未腐熟的堆肥、垃圾或豆饼作基肥。有机质较多、土质疏松的新植区有利于金龟子产卵和蛴螬生长。

蟋蟀是杂食性、夜出性的害虫，多在疏松的砂土地带。在菠萝果实开始成熟时，蟋蟀咬食小果造成小洞，同时也会引起病原菌入侵，造成果实腐烂，无法食用和加工。

2. 防治方法

①消灭蛴螬成虫。金龟子具有假死性，应实行人工捕杀。

②开荒建园宜全垦，定植前植穴中喷毒死蜱800～1000倍液可杀死蛴螬。

③金龟子大规模发生时，于傍晚洒90%敌百虫粉剂800倍液。

④利用金龟子的趋光性，设置黑光灯或黑绿单管双光灯诱杀。

⑤5千克米糠炒熟后，与1千克熟番薯混合，再加入少量咸菜汁和100克90%敌百虫粉剂800倍液，做成黄豆粒大的毒饵，放在植株周围诱杀蟋蟀，特别是晚上有南风时投杀效果更好。

（三）线虫

线虫是菠萝的重要病原之一，线虫的防治是目前生产中亟待解决的问题。据国外研究，对菠萝有明显产量影响的病原线虫主要为根结线虫、最短尾短体线虫和肾形肾状线虫。线虫侵染菠萝可致42%～100%的产量损失，国际线虫损失评估机构认为线虫可致约13.7%的产量损失。根结线虫为害后可在菠萝根部形成肿瘤或根结的特异症状，严重影响水分和养分的吸收，并可与真菌病害形成复合病害。

（一）症状

线虫寄生在根皮与中柱之间，吮吸养分，并使根组织过度生长，根部肿大或形成大小不等的根瘤。根瘤大多数发生在细根上，感染严重时，根瘤又可产生次生根瘤，使根系盘结成块状根团，根的吸收功能受损，最后老根瘤腐烂，病根坏死。由于根群受损，叶片缺乏养分供应，逐渐变成红紫色，软化下垂，植株生长衰弱，失去生产效能，甚至枯死。

（二）发生规律

线虫主要以卵及雌虫越冬。当外界条件合适时，卵在卵囊内发育，孵化成一龄幼虫仍藏在卵内，蜕皮后破卵而出，成二龄侵染幼虫，活动于土中。二龄幼虫侵入菠萝嫩根，在根皮与中柱之间为害，使根尖形成不规则根瘤。雌雄虫成熟交尾后，雌虫产卵，将卵聚集在雌虫后端的胶质卵囊中。线虫病的主要传染源是带有根线虫的土壤和病根。病根是本病传播的主要途径，水流也是传播的重要媒介，带有线虫的肥料、农具以及人畜，也可以传播此病。有的线虫虽不使根尖形成不规则的根瘤，但也为害菠萝的根。

（三）防治方法

1. 实行检疫

不能将带有线虫病根的植株移植到无病区，不在线虫病区采购种苗，尽量避免病区的人、畜和农具进入无病区。

2. 避免在病区开辟果园

避免在有线虫的地区开辟新的菠萝园，如需在带有线虫的土地上种植菠萝，则要在晴朗天气反复犁耙翻晒土壤，以杀灭线虫。有试验证明，10厘米厚的土壤层在阳光下直射30分钟，各龄线虫将全部死亡。在定植前应用药剂对土壤进行消毒，犁耙平整土地后，按沟距30厘米、沟深15厘米的标准，开挖条沟，均匀淋施20%噻唑膦水乳剂或1.8%阿维菌素乳油1000倍液。施药后，覆土踏实。此法可杀灭大部分线虫，但很难全部消灭。

3. 适当增加有机肥料

对已发生线虫危害的菠萝园可以适当增施牛粪等有机肥料，促发新根，加强肥水管理，增强树势，以减轻线虫的为害程度。

此外，还可以在行间犁沟淋施20%噻唑膦水乳剂或1.8%阿维菌素乳油1000倍液，杀灭根线虫，其操作方法与土壤消毒相同，采用这种方法的主要目的是在生产周期内减少生产的损失。

第十节 自然灾害及应对措施

海南高温多雨，台风暴雨多发，恶劣的天气会对菠萝生产造成影响，轻者会给种植者带来一定的经济损失，重者则导致菠萝颗粒无收。

一、台风和暴雨

台风会对菠萝植株造成一定的破坏，影响苗木的正常生长。具体破坏表现为：吹倒新种的幼苗或吹走少量菠萝苗，大的台风会刮倒和刮走大部分菠萝苗。对于处于营养生长期的菠萝植株，小的台风会吹倒苗木，刮伤叶片，导致根系暴露等；大的台风会使菠萝苗大面积倾倒，叶片折断等。这种情况下菠萝心腐病极容易发生，进而发生死苗情况，影响到本季菠萝的产量和品质。对于结果期至成熟前的菠萝植株，小的台风会使部分菠萝果实从果柄处断掉，菠萝叶片刮伤、折断，植株倾倒等，给果农造成一定的经济损失；大的台风则会刮倒大部分植株，影响大部分果实，对果农造成相当大的损失。

往往台风来袭会带有大量雨水，暴雨会造成菠萝园积水，对菠萝根系产生影响，导致菠萝根系无法呼吸。台风和暴雨过后，菠萝园若未及时排水，暴晒后积水温度过高，也会灼伤菠萝根系，使菠萝根系死亡，进而导致植株枯萎、死亡。

应对措施：建设防护林。有条件的农场，在大规模生产菠萝的地块外围，种植防护林进行防风，减少台风对菠萝植株的直接影响。做好排水沟。在菠萝园的四周，开挖排水沟，减少台风带来的暴雨对菠萝园的影响。加固菠萝苗根部。进行培土等，压紧菠萝种植地的地膜等。台风过后杀菌消毒。对菠萝植株喷施杀菌剂（如多菌灵、甲霜·双霉威），预防菠萝心腐病的发生。

二、高温

高温会灼伤菠萝叶片，使得叶片失绿发黄，叶绿素降解，花青苷含量增加，有些品种的叶片会呈现红色或紫红色，菠萝植株光合作用大大降低，生长缓慢。对菠萝果实的伤害表现为果实阳面发生日灼，即果面晒伤，受伤部位果实细胞停止发育，轻者会产生畸形果，重者会使果实灼伤后腐烂，果实无经济价值。

应对措施：喷施叶面肥，保护叶片。可采用高浓度的叶面肥，在菠萝叶片表面形成一层保护膜，降低阳光直射对叶片的伤害。对果实进行套袋可极大降低太阳光对果面的伤害。可适当增施水肥，提高菠萝植株的抗性和活力，增强抵御灾害的能力。

三、低温

0摄氏度以上、5摄氏度以下的持续低温环境会对菠萝植株造成寒害，尤其是5摄氏度以下的低温。若同时伴有连阴小雨，对菠萝产生寒害的影响则更大。寒害发生后菠萝叶片失水、失绿，进而导致整个植株枯萎。

应对措施：首先，要增强植株抗性，在低温来临之前，菠萝植株生长要健壮，叶片要老熟，切忌幼嫩和快速生长。其次，可以喷施叶面肥，在叶面形成涂层，进而保护叶片。再者，寒害发生后，要对整园进行杀菌和消毒，防治寒害诱发的菠萝心腐病、菠萝叶斑病等。

四、干旱

干旱使菠萝植株和叶片缺水和失水，使菠萝叶片失绿，发黄和变红，植株停止生长。干旱还会诱发菠萝凋萎病，进而减少菠萝的产量和降低菠萝的品质，影响果农的收入。

应对措施：有条件的基地可以进行滴灌、喷灌或者淋水等，对植株进行补水。喷施叶面肥增强植株抗旱性，喷施叶面肥时，可以添加杀虫剂对菠萝粉蚧进行预防和治疗。

思考题

1. 请简述电石催花的具体操作和注意事项。
2. 促进菠萝果实膨大的药物有哪些？
3. 如何催熟菠萝果实？
4. 如何防治菠萝粉蚧？
5. 如何防治菠萝心腐病？
6. 如何防治菠萝凋萎病？

第四章　采收、分级、包装、保鲜和贮运

本章提要与学习指导

本章主要介绍菠萝成熟后采收、分级、包装，以及保鲜、贮运的方法和技术措施。

学习中重点了解菠萝采收的标准、保鲜和贮运的方法。

成熟菠萝果实的特点是皮薄、肉质变软、汁液丰富、糖分高、不耐贮运。在果实成熟前、采收时以及采收后处理时都要认真对待，稍有不当，就会造成损失。

第一节　采收

采收菠萝要根据消费者的需要、路途远近、季节、运输工具的不同而不同。首先，要掌握菠萝的成熟程度；其次，要掌握天气变化和采摘技巧，做到适时采收，这样有利于贮运，确保果品质量。

一、采收标准

菠萝果实逐渐成熟时，果皮由深绿色逐渐转变为草绿色，再转变成该品种成熟时的黄色或橙色。肉质和内含物也发生一系列的变化，果汁增加，糖分增加，酸味减少，香气增加，果肉由硬变软。供鲜销外运的，应在八成熟时采收，此时果皮由青绿色变

为黄绿色，果肉开始软化，肉色由白色转变为淡黄色或黄色，果汁增多。供当地销售鲜食的，可在九成熟时采收，此时果实基部3～5层小果显黄色（俗称三目黄或五目黄），果肉黄色或橙黄色，果汁丰富，糖分高，香气浓，风味最好。过了此期采收，就是过熟了，果实品质就会下降，会有酒味，降低或失去鲜食价值。此外，根据采收季节、运输路程和运输速度的不同，采收的时机也应略有不同。气温低的季节果实成熟的速度慢，可略迟采收；运输路程短及运输速度快，也可略迟采收；高温季节或运输路程长，应略早采收，以减少损失，但仍以保证果品质量为原则，不能过早采收。

春果当果皮1/2变黄时采收，夏、秋果当果皮1/3变黄时采收，冬果当果皮2/3变黄时才采收，不能采收未熟果。

二、采收方法

采收菠萝的方法要正确，采下的果实要处理放置好。为了减少采后果实的损耗，菠萝应于晴天晨露干后进行采收，避免在阳光猛烈的中午、下午采收。多云或阴天均可采收，雨天则不宜采收。采收时一般用刀切取，留约2厘米长的果柄。用于当地销售、当天加工的原料果，可不留果柄。特别注意采收时应做到轻采轻放，防止碰撞造成机械损伤，以及堆放造成压伤、挤伤、碰伤、刺伤、果实流水等。采收、包装、运输过程中应保持通风透气，防止震动损伤，以免腐烂。采后要及时调运，若运输不及时而需临时堆放，则不宜堆叠过高，而且要用树叶、稻草、杂草或遮阳网遮盖，以防灼伤。若作鲜果销售，最好保留冠芽，有利于包装时果实之间不致碰撞，更增添美观。果实采收后，应放在田间临时工棚中或树荫下，及时剔除烂果、残次果，将好果及时进行分级、包装。

第二节　分级、包装

一、分级

菠萝采收后须进行分级，通常按品种、成熟度和果实大小分级。同一品种依用途不同，分为加工用、近地鲜销用和远运鲜销用。果实的分级标准，过去各地缺乏统一规定。2022年，我国修订了菠萝鲜果的行业标准，该标准规定的等级质量指标见下表2。

分级时尽量做到轻拿轻放，还要把残次、有机械损伤、腐烂的果实除去，以免被包装后在途中腐烂，影响其他好果。

表2　菠萝等级规格表

单果重（千克）

品种类别	规格					
	大（L）		中（M）		小（S）	
	无冠芽	带冠芽	无冠芽	带冠芽	无冠芽	带冠芽
大果型品种	>2.0	>2.5	1.3~2.0	1.8~2.5	<1.3	<1.8
中果型品种	>1.2	>1.5	0.6~1.2	0.8~1.5	<0.6	<0.8
小果型品种	>0.8	>1.0	0.4~0.8	0.6~1.0	<0.4	<0.6

注1：大果型品种包括‘无刺卡因’、‘澳大利亚卡因’、无眼菠萝、珍珠菠萝、‘台农22号’（西瓜凤梨）等。

注2：中果型品种包括‘巴厘’、‘台农4号’（手撕凤梨）、‘台农16号’（甜蜜蜜凤梨）、‘台农17号’（金钻凤梨）、‘台农20号’（牛奶凤梨）、菲律宾、金菠萝等。

注3：小果型品种包括‘台农11号’（香水菠萝）、神湾菠萝、泰国小菠萝、‘Puket’‘Josapine’‘Perola’等。

二、包装

近年来，海南重视水果分级、包装工作，特别是被评为省优质农产品的水果，要求统一包装材料、规格，标明生产单位、电话、传真等。包装得好，有利运输、搬运、保鲜，产品自然能卖到好价钱。经分级后要及时进行包装：包装材料主要有长方形竹筐、长方形木筐、长方形纸箱和长方形塑料筐四种。这些包装容器要求牢固、干燥、无异味、干净、美观，内外均无突出物，其中牢固最重要。长途运输的以木、竹筐为好，建议包装材料轻，方便搬运。在筐的内壁垫纸、海绵、干草等柔软物。果实要整齐分层排放，果顶向上，果柄向下，每个果实靠拢装紧，果间铺以软物衬垫。装箱完毕，就用铁钉或细铁丝固定好箱盖。封箱后根据客户要求，贴上标签，标明品种名称、重量、生产（发货）单位、日期等。

第三节　保鲜、贮运

一、保鲜

保鲜就是保持采收后果实的新鲜，防止变质、腐烂等降低果实的商品性。菠萝果实采收后呼吸作用继续进行，果实中的淀粉逐渐消失，糖分增加到最高点后逐步下降，果酸逐渐降低或转化成盐类，果肉组织逐步变软，果实品质达到最佳后逐渐下降，之后，衰败、腐烂。在此过程中果实水分消耗，而且呼吸作用越强，衰败越快，腐烂越多。降低环境温度、避免机械损伤和病虫害，可减弱呼吸作用，提高果实耐贮运能力。此外，成熟度、采收时期等因素都关系到保鲜，保持果实新鲜时应注意如下几个方面。

①结果期增施钾肥，不偏施氮肥，提高果肉硬度，有利于保鲜。

②不要在下雨或者土壤湿润时采收，以提高果实的耐贮藏性。

③适时采收，过熟、完全成熟的果实不易保鲜。

④避免一切机械损伤，做好病虫害的防治，剔除病、虫果和残次果。

⑤在采果前10天，喷2,4–二氯苯氧乙酸，对减缓果实生理失调有很大作用，从而有利于保鲜。

⑥通风透气和相对低温的环境可减少果实腐烂。

二、贮运

（一）贮藏前的处理

化学药剂处理采后的果实。果柄切面浸渍在10%苯甲酸酒精溶液中，或把果实浸泡在水杨酰苯胺、抑霉唑溶液中，可防治奇异根串珠霉菌引起的果腐病。采后5小时内，在果柄上涂上50%多菌灵可湿性粉剂100倍液，可防治奇异长喙壳菌。

植物生长调节剂可以延长贮藏期。果实采收后立即用每升含500毫克的萘乙酸和每升含100毫克的赤霉酸处理，可有效控制腐烂，并且延长贮藏达41天，而未处理的果实在室温下只能贮藏12～15天。半黄的卡因类果实采收后，如果用每升含100毫克的2,4,5–三氯苯氧乙酸溶液浸泡，在室温下可延长贮藏6～14天。

（二）贮藏的方法

1. 低温贮藏

低温有助延长菠萝果实的寿命。据报道，1/4变黄的果实，贮藏温度每下降6摄氏度可延长贮藏期1周。半黄的卡因果，放在7.5～12.5摄氏度下可贮藏2周，较室温贮藏延长1周。绿熟果对低温敏感，放在10摄氏度以下的环境中易受伤害，而成熟果在7～8摄氏度的低温环境中不易受害。成熟果如果贮藏在6摄氏度的环境中易发生冷害，会导致果皮颜色暗淡或呈褐色，果肉呈水渍状，冠芽萎缩易剥除，出现绿色斑点，果肉风味变差。所以贮藏菠萝成熟果的温度宜控制在7～10摄氏度，相对湿度控制在85%～90.7%，在此环境中贮藏，贮藏期可达20天以上。经药剂处理后的果实在温度为8～9摄氏度或11～16摄氏度，相对湿度为85%～90%的环境下，可贮藏4周，目前在商业保鲜上常用这种方法。

2. 石蜡贮藏

将石蜡放在锅里熬至熔化后，取出待凉。当石蜡稍有凝结时，把经挑选后的鲜菠萝浸入石蜡液中，即放即捞，以果皮表面能均匀地涂上一层石蜡为宜。浸泡后的菠萝，可在普通室内或仓库内存放。此法因操作不方便且影响果实外观，少在商业保鲜上应用。

3. 气调（CA）贮藏

减少贮藏环境中的氧气，提高二氧化碳浓度，可以降低菠萝果实的呼吸强度，延迟成熟1～3天。但这种方法影响果实外观，未能在商业保鲜上推广。

（三）运输

目前运输菠萝的主要交通工具为汽车。夏、秋季节运输要在低温条件下进行，应用冷藏车，装车前应提前预冷14～16小时，运输途中温度保持在7～10摄氏度，相对湿度保持在85%～90%。春、冬季北运菠萝则要注意防冻，采用帆布、棉被覆盖等办法都能起到防冻护果的作用。

思考题

1. 菠萝采收的标准是什么？
2. 有哪些技术有助于菠萝果实的保鲜？

第五章　菠萝园的轮作、更新和菠萝的利用、加工

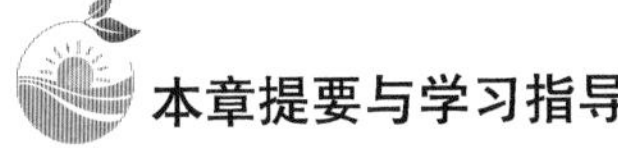

本章提要与学习指导

本章主要介绍菠萝园的轮作和更新，以及菠萝果实加工成菠萝罐头和菠萝汁、菠萝酱和菠萝酒等产品的过程和方法。

学习中重点了解菠萝园轮作和更新方法，菠萝加工品的类型和制作过程。

菠萝是消耗地力较严重的作物，同一块土地连续种植几年菠萝后，土壤肥力明显降低，容易产生连作障碍，导致后续种植的植株生长缓慢，容易产生病虫害，产量和品质均有所下降，影响经济效益。如何进行菠萝园轮作更新是一项迫切需要解决的难题。在长期的生产实践中，广大的科技工作者和果农总结出了一套行之有效的方法。菠萝业的发展单靠鲜果收入是不够的，还要依靠产品的深加工，通过综合开发利用，降低生产成本，促使产品增值，提高经济效益，同时做到变废为利，助力环境保护。

第一节　菠萝园的轮作、更新

菠萝园从开始种植到废园，一般要4~6年，即连续收获3~4造，然后套种或改种其他农作物。其原因是随着植株的生长，菠萝原植株地下的根系和吸芽、块茎芽的抽生，从土壤中吸收了大量的养分，造成土壤贫瘠。第二造以后都是靠吸芽替代母株，

吸芽的位置不断升高，芽苗的气生根无法伸入土壤中吸收养分，虽然采用了培土、施肥等措施，但也不容易恢复至正常的产量水平。随着芽位不断升高，吸芽和果实高悬空中，容易被台风或大风吹倒，抗逆能力大大减弱，植株越来越衰老，果实变小，产量变少。因此，菠萝园必须进行轮作更新。

海南果农在长期的生产实践中总结出了一套既符合生态建设又可持续发展的方法，共有三种。

一、菠萝套种橡胶和荔枝等其他常绿果树

栽种菠萝的时候，同时按规格在菠萝行间套种橡胶和其他果树，初期利用菠萝保护橡胶和荔枝等其他果树幼苗安全生长，防止杂草滋生而影响树苗的生长，同时也提高了土地的利用率，提高了经济效益。等到菠萝收获1～2造后，橡胶和荔枝等其他果树已长大，可为菠萝提供荫蔽。这种立体农业栽培模式，能够充分利用土地、光照，防止水土大量流失，有利于农业生态保护，深受广大农民的欢迎。

二、菠萝和瓜菜轮作

在平地或有水浇灌的缓坡地方，菠萝淘汰以后，可以种植瓜菜，还可以种植花生、芝麻等作物，以提高土地的肥力。

三、退果还林

海南菠萝园一般是由天然林或人工林开垦而成的，从长远的经济利益考虑，退果还林，废园后可立即种上速生快长、丰产的

马占相思、木麻黄、竹子、槟榔或胡椒等经济林木。

第二节 菠萝的利用、加工

菠萝全身都是宝。茎可以提取菠萝蛋白酶，其蛋白酶含量比果皮还高。叶片含有纤维，提取后经过精加工和其他材料进行混纺，可以制作衣物、毛巾、凉席等。果实最适宜进行产品深加工，不仅加工品种多，而且是能基本保持鲜果原有色、香的水果。目前菠萝是以加工为主，以鲜果食用为辅。主要加工制品有糖水菠萝罐头、菠萝汁、菠萝酱、菠萝酒、菠萝晶和菠萝脯等。加工剩下的果皮、残渣，可以用简单易行的固体工业发酵法，将其制成营养丰富的发酵的牲畜饲料。我国许多罐头厂走综合加工利用的道路，工厂和果农取得双赢，产品销往全国各地，部分远销俄罗斯、哈萨克斯坦、法国、加拿大、日本等国。以下介绍目前国内外的罐头厂部分产品加工工艺流程。

一、制作糖水菠萝罐头

糖水菠萝罐头是罐头厂的主要产品，另外还有菠萝原汁罐头、菠萝和其他热带水果的混合水果罐头等。

（一）选好原料

卡因类和‘巴厘’都适宜加工糖水菠萝罐头，卡因类最适合。卡因类果大，利用率高，果眼浅去皮方便；果肉酸度高，果肉紧密、硬度好，适合做罐头。用于做罐头的果实应达到六成熟以上（果皮颜色开始转色，果缝展开并发亮，有光泽）。果实要新鲜，要剔除发霉、腐烂、干瘪、过熟或过生、有病虫害及机械损伤的果实。

（二）清洗

用清水冲洗果实表面的污物和杂质。

（三）分级

加工前，需按果实大小进行分级，一般分为四级，见表3。

表3　菠萝果实加工分级表

级别	果实横径（毫米）	去皮刀筒口径（毫米）	桶心筒口径（毫米）
一级	85 ~ 94	62	18 ~ 20
二级	94 ~ 108	70	22 ~ 24
三级	108 ~ 120	80	24 ~ 26
四级	120 ~ 134	94	28 ~ 30

（四）一次去皮与切片

用菠萝联合加工机削去外皮，切去两端，捅除果心。削去伤疤及腐烂部分，再用清水淋洗一次。用单片切片机将果肉切成环形圆片，其厚度为11.5 ~ 13毫米，随即投入1.5% ~ 2%的盐水中浸泡。

（五）二次去皮与分选

将片形完整，不带果眼、斑点的果片选出装罐，剔除带皮、带果眼及边缘有斑点和机械损伤的果片，然后放入去皮机中进行二次去皮。

（六）装罐

1. 配制糖水

糖水浓度一般为25% ~ 30%。另外，应向糖液中添入0.1% ~

0.3%的柠檬酸。糖液配好后，过滤备用。

2. 空罐消毒

3. 装罐

预先用80～85摄氏度水将果肉烫漂2～4分钟，再捞起沥水。将350克果肉装入玻璃罐中，再加入160克糖液。

（七）排气与封罐

采取加热排气法进行排气，此操作在排气箱中进行。在100摄氏度条件下，排气6～7分钟至罐中心温度达75～80摄氏度，然后立即取出再放上罐盖，用封罐机进行封口，以不漏气为宜。

（八）杀菌、擦罐、入库

密封后的罐头应立即放置在沸水中进行杀菌。玻璃罐刚放入时，水温应在70摄氏度左右，然后升温10分钟，水沸后煮30分钟，再降温15分钟。取出后放在80摄氏度、60摄氏度、40摄氏度的水池中各冷却5分钟。当冷却至35摄氏度时即可取出将水抹干。在25摄氏度的环境中保温堆贮5天，或者在20摄氏度的环境中堆贮7天，后用敲音法检查：敲击罐盖，若发音清脆，说明罐头完好；若发浊重音，就表明罐内产生了败坏现象，不宜久存。

（九）检验、贴标签

糖水菠萝罐头质量要求是罐内果肉呈淡黄色至金黄色，色泽一致，糖水透明，酸甜适度，无异味，果块完整，软硬适中，削切良好，圆周不缺，允许少量不引起混浊的果肉碎屑的存在。果肉重占净重54%以上，开罐时糖水浓度为14%～18%。经检验合格后贴上标签。

二、制作菠萝汁

（一）原料选择

制作菠萝汁应选新鲜、膳食纤维少、肉软多汁、甜酸可口的菠萝，不选腐烂果、病虫果及未成熟果。菠萝的果心和在修整工序中切下的碎果肉等也可以用来制作菠萝汁。

（二）去皮

用菠萝联合加工机进行去皮。如果选用从菠萝皮上刮下的碎肉或生产糖水菠萝时遗留的果肉碎片（块），则应去除青皮和杂质。

（三）破碎

将果心和果肉用破碎机粉碎。

（四）榨汁

常用螺旋榨汁机压榨取汁。

（五）过滤

可用三层纱布过滤。

（六）调配

将75～90千克菠萝果心汁和10～25千克菠萝果肉汁混合、搅打，再加入浓度为70%糖水调整果汁的糖度至12%～14%，用柠檬酸调整果汁含酸量至0.65%～0.8%。

（七）预热

在机器中加热至60～63摄氏度。

（八）过滤

将菠萝汁倒入离心机中，除去多余膳食纤维和其他杂质，控制果汁中悬浮物质的含量，以保证成品的品质。

（九）均质

用每平方厘米150千克的压力进行均质。

（十）预热

在机器中加热至75～80摄氏度。

（十一）装罐

空罐先消毒，趁热向已消毒的玻璃罐中灌入果汁，灌至近罐口为止，罐中心温度不低于70摄氏度。

（十二）封罐、检验、包装、入库

成品菠萝汁的质量要求是：果汁呈淡黄色至黄色，具有本品应具有的风味，无异味，长期放置汁液均匀，允许有少量沉淀存在。果汁的含糖量为12%～14%，含酸量为0.65%～0.8%。经检验合格后贴上标签，入库。

三、制作菠萝酱

（一）原料选择与处理

先剔除腐烂果、变质果，然后用洗果槽或洗果机清洗果皮上的泥沙、杂质。将洗净的原料果实切去两端，去皮后放入打碎机打碎，再与制罐车间的碎果肉一起磨成原浆。

（二）原浆调配、加热浓缩

原料为原浆62.5千克、砂糖35千克（低糖菠萝酱）或53千克（高糖菠萝酱）、琼脂180克（用果胶替代质量更好）、菠萝香精20克。将砂糖先溶解成70%～75%的糖液，琼脂加20～25倍水加热溶解。常压浓缩是将调配好的原浆，在夹层锅中常压加热10～20分钟，蒸发部分水分，再浓缩30～50分钟，至果浆可溶性固形物达到70%即可。真空浓缩是控制锅内真空度为86450～95760帕，温度50～60摄氏度，到浓缩接近终点时，关闭真空泵开关，使锅内恢复常压，在搅拌下将果酱再加热到90～95摄氏度，关闭进气阀出锅。

（三）包装、入库

将浓缩好的果酱装入防酸涂料罐或玻璃瓶，装后立即封罐杀菌，在100摄氏度的环境下杀菌10～20分钟，冷却。冷却后擦干罐身，贴上标签，装箱入库或出厂。

四、制作菠萝酒

（一）原料选择

选用新鲜、成熟度稍高的菠萝为原料。适于制作菠萝汁的大部分原料均适于制酒。

（二）清洗

用清水冲去菠萝表面的污物和杂质。

（三）去皮、去心

用菠萝联合加工机去除菠萝的果皮和果心。

（四）打碎

用旋转式破碎机或搅拌机打碎菠萝肉，破碎液中含有果汁和膳食纤维。

（五）酶处理

用膳食纤维素酶处理破碎液，使膳食纤维分解成可发酵性糖。每100千克破碎液用普通膳食纤维酶100克，然后在30摄氏度条件下，放置24小时。

（六）发酵

在酶处理液中加上酵母，以加啤酒酵母为好。发酵通常在室温条件下进行，发酵期为5天，当发酵液的含糖量降到1%～2%时停止发酵。

（七）过滤

除去发酵液中的沉淀杂质。

（八）后熟

将过滤液放置一段时间后，就可以生产葡萄酒型的菠萝酒。菠萝酒的制得率为破碎液的60%。

（九）蒸馏

将上述发酵液进行蒸馏，即可生产出菠萝白兰地，其酒精度为4%vol左右。

五、制作菠萝晶

（一）原料选择

可选用菠萝联合加工机从每个菠萝捅下来的果心、在修整工序中切下的碎果肉、从碎肉机刮下的果肉、不适合做菠萝圆片的小菠萝，以及刮果肉过程中榨出的果汁和菠萝去皮过程中榨出的果汁等。

（二）配比

菠萝原料3吨、大豆0.082吨、白糖0.9吨、柠檬酸0.075吨，可生产成品菠萝晶1吨。

（三）清洗

视具体情况对原料进行冲洗。对整果进行清洗，对碎果肉进行简单冲洗。

（四）去皮、去心

以整个果为原料需进行此项处理。

（五）破碎、榨汁

将原料切碎，压榨成汁，并过滤出上清液。

（六）加单宁

向上清液中加单宁后可以从中提取菠萝蛋白酶。

（七）澄清

把提取过蛋白酶的废液澄清。

（八）加入豆浆

以除掉废液中过量的单宁。

（九）浓缩

浓缩废液，使之成为60波美度的糖浆。

（十）调配

加白糖、蜂蜜等搅拌均匀。

（十一）成型

将调配后的汁液装入模具中。

（十二）烘干

烘干成晶体。包装后即为成品。

六、制作菠萝脯

（一）原料选择

选用果形饱满，果皮老，肉实，汁少，甜酸适中，成熟度在八至九成的果实。保证原料的新鲜程度，剔除腐烂、流汁、过软、有病虫害和机械损伤的果实。

（二）清洗

先用温水浸泡，再用清水冲洗，充分去除表皮污物。

（三）切端、去心

（四）刻花眼

（五）切片、护色

切片厚度不超过10～20毫米，切口要光滑，不得混有污物或杂质。配制浓度0.5%的亚硫酸氢钠溶液。把菠萝片迅速投入其中，进行护色。注意浸泡不得超过1小时，以防产生异味。

（六）糖渍

用糖量为菠萝圆片质量的60%。首先，称取菠萝圆片质量60%的砂糖，与菠萝圆片拌匀后静置24小时。之后，将菠萝圆片连同糖液移入缸中，浸渍36小时。最后，滤去糖液。

（七）烘烤

沥干糖液后将菠萝平铺在烘盘上，保持果肉形状为圆片，送到烘房烘烤，烘烤温度不得高于65摄氏度，一般在56～65摄氏度，烘到菠萝圆片表面糖液不黏手为止。

（八）包装

用塑料薄膜食品袋包装菠萝脯，然后装入纸箱中。

成品菠萝脯的质量要求是：果脯呈金黄色、甜中带酸。手搓时，菠萝片不黏片，块型整齐，大小一致。

思考题

1. 菠萝可与什么植物套种？
2. 常见的菠萝加工制品有哪些？

后 记

海南岛具有得天独厚的自然条件，非常适合菠萝的生长，是我国菠萝的优生区，也是主产区之一。菠萝作为海南的大宗热带水果，成为产区果农的经济支撑，为海南的经济发展做出重要的贡献。

中国热带农业科学院在国家“十一五”和“十二五”期间，联合华南地区各农业科研单位和高校，收集、引进了全世界菠萝主产国的主栽品种和优异种质资源，建成了亚洲最大的菠萝种质资源圃，并联合攻关，针对菠萝产业上亟待解决的问题总结出一整套菠萝优质高效栽培技术体系。

为进一步促进菠萝产业的健康良性发展，帮助广大菠萝种植者种出高品质的菠萝，提高经济效益，我们编写了《菠萝高产栽培实用新技术》一书，供种植者阅读和科研教学单位参考。

特别感谢海南惠农慈善基金会资助出版本丛书。

由于受时间和水平的限制，缺点和错误在所难免，敬请指正。

菠萝高产栽培实用新技术课程实施计划表

总学时：16

目的要求	了解菠萝的生物学特性和对气候条件的要求，懂得如何建设菠萝园、反季节栽培菠萝的生产技术，特别是催花、壮果技术的操作应用。					
题目名称	教学内容	学时分配			目的要求	实施方法、器材保障
		面授	实习	自学		
概述菠萝的生物学特性和对气候条件的要求	1. 认识菠萝各种芽的特征 2. 了解菠萝花果的结构	1	1	1	了解菠萝生长、结果习性和外界条件对菠萝生长、结果的影响	到果园参观，了解菠萝各器官形态、生长情况，特别要细心观察各种芽、苗的特征
主要品种	了解‘巴厘’和其他主栽品种的特征	1	0.5	0.5	了解2个以上主要品种的特征	—
苗木选择	1. 了解可供种植的芽类 2. 了解选苗标准	1	0.5	0.5	掌握优良芽、苗的标准	—
栽培技术	1. 建园 2. 催花 3. 壮果 4. 催熟	2	2	1	掌握各种配方、识别各种药物	到现场参观或实地操作
病虫害防治	了解主要病虫害的发生条件和防治办法	1	1	1	能够识别主要病虫害症状，以及对应使用的农药种类和配方	在现场或在课堂上介绍病虫害为害情况
加工产品及加工原理	知道菠萝的六大产品加工流程	1	0	0	知道加工流程	到罐头厂参观